1

チシオタケ

Mycena haematopus

茎の表面にビーズ玉のような血に似た分泌物が張り付いているのが見える。

J. E. Lange, *Flora Agaricina Danica*, vol. 2 (Copenhagen: Recato, 1936)

2

オニフスベ

Calvatia gigantea

John Augustus Knapp による写生図。
Lloyd Library and Museum, Cincinnati の厚意による。

3

アカヤマタケ

Hygrocybe conica

（魔女の帽子）

このキノコの茎は傷つけると黒くなる。ガイドブックの多くは、これを毒キノコとしているが、勇敢な菌学者たちは食べられるという。

John Augustus Knapp による写生図。Lloyd Library and Museum, Cincinnati の厚意による。

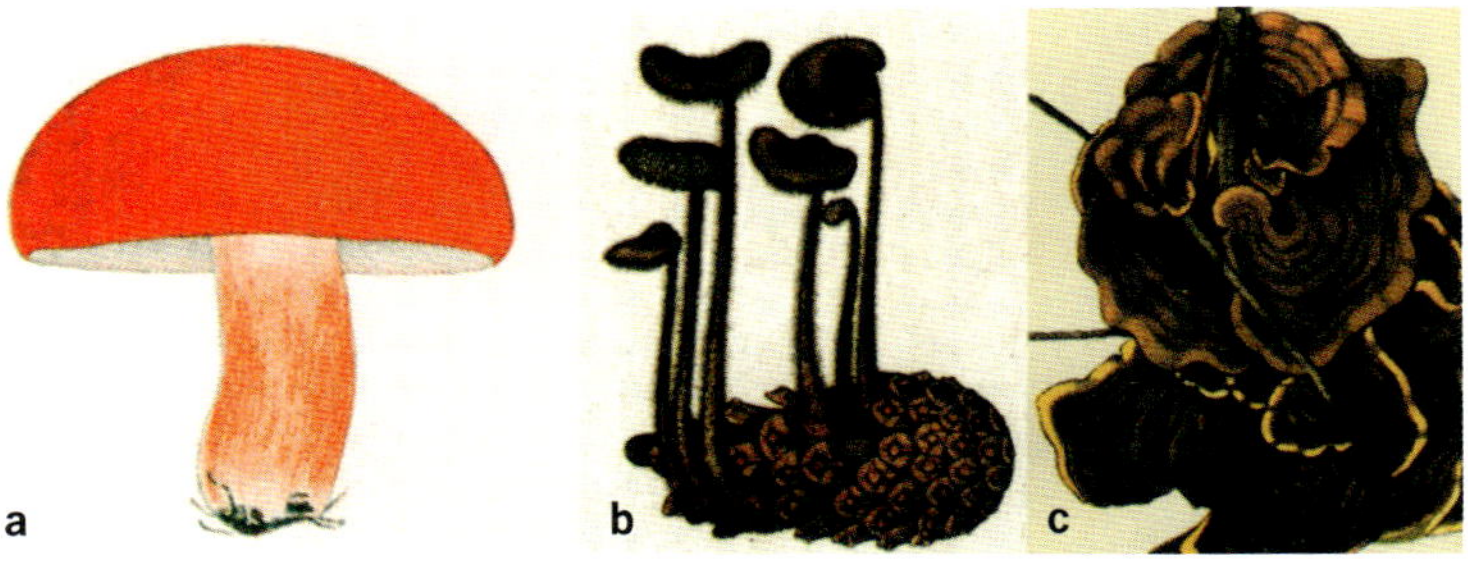

4

多様なベニタケ目の子実体

ⓐヒダのあるキノコ：ヤブレベニタケ（*Russula lepida*）

ⓑ針状型の子実体：マツカサに生えるマツカサタケ（*Auriscalpium vulgare*）

ⓒ平たい子実体：チャウロコタケ（*Stereum ostrea*）

ⓐJ. E. Lange, *Flora Agaricina Danica*, vol. 5（Copenhagen: Recato, 1940）
ⓑP. Bulliard, *Histoire des Champignons de la France*（Paris: Chez L'auteur, Barrois, Belin, Croullebois, Bazan, 1791）
ⓒG. Inzenga, *Funghi Siciliani Studii*, vol. 2（Palermo: Di Francesco Lao, 1869）

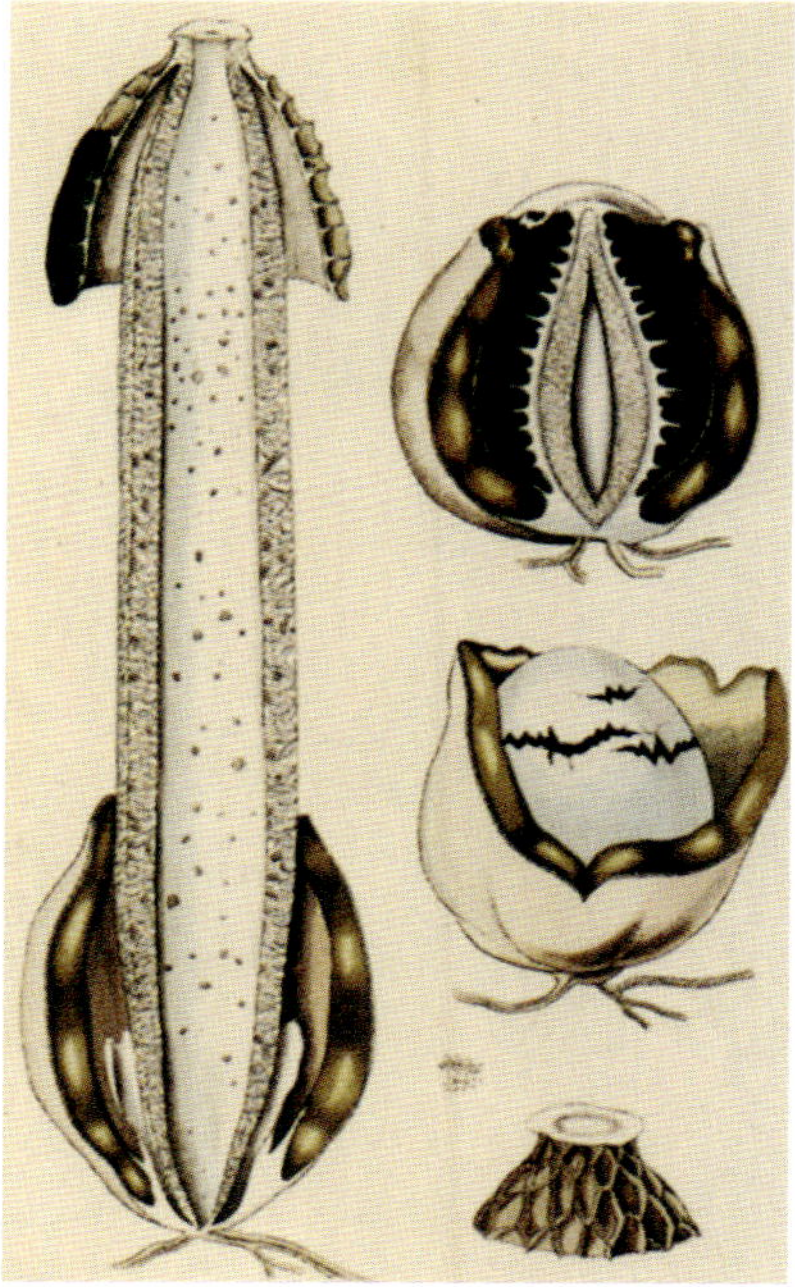

5

スッポンタケ（*Phallus impudicus*）の成熟した子実体とつぼみ

R. K. Greville, *Scottish Cryptogamic Flora*, vol. 4 (Edinburgh: Maclachlan and Stewart, 1826)

6

ベニテングタケ（*Amanita muscaria*）とアカヤマタケ（*Hygrocybe conica*）

M. C. Cooke, *Edible and Poisonous Fungi: What to Eat and What to Avoid* (London: Society for Promoting Christian Knowledge, 1894)

7

カンゾウタケ

Fistulina hepatica

（ビーフステーキキノコ）

カンゾウタケの胞子は、肉質の子実体の下面についている、釣鐘状の管孔（図の右上）から放出される。

W. H. Gibson, *Our Edible Toadstools and Mushrooms and How to Distinguish Them* (Harper & Brothers, 1895)

8

オオキツネタケ

Laccaria bicolor

このゲノムは2008年に解読された。

写真は Lawrence Livermore National Laboratory, Livermore, California 提供

9

評判の良い食用キノコ

ⓐアンズタケ（*Cantharellus cibarius*、シャンタレル）

ⓑマツタケ（*Tricholoma magnivelare*、matsutake）

ⓒヤマドリタケ（*Boletus edulis*、イグチの王様またはセップ）

（訳註：マツタケとして挙げている図は、明らかにホンシメジである。川村清一の図鑑にあるマツタケの図はこれではないので、おそらく著者の引用間違い）

ⓐJohn Augustus Knapp による写生図。Lloyd Library and Museum, Cincinnati の厚意による。
ⓑS. Kawamura, *Illustrations of Japanese Fungi* (Tokyo: The Bureau of Forestry, 1911-1925)
ⓒA. Venturi, *I Miceti dell' Agro Bresciano* (Brescia: Dalla Tipografia Gilberti, 1863)

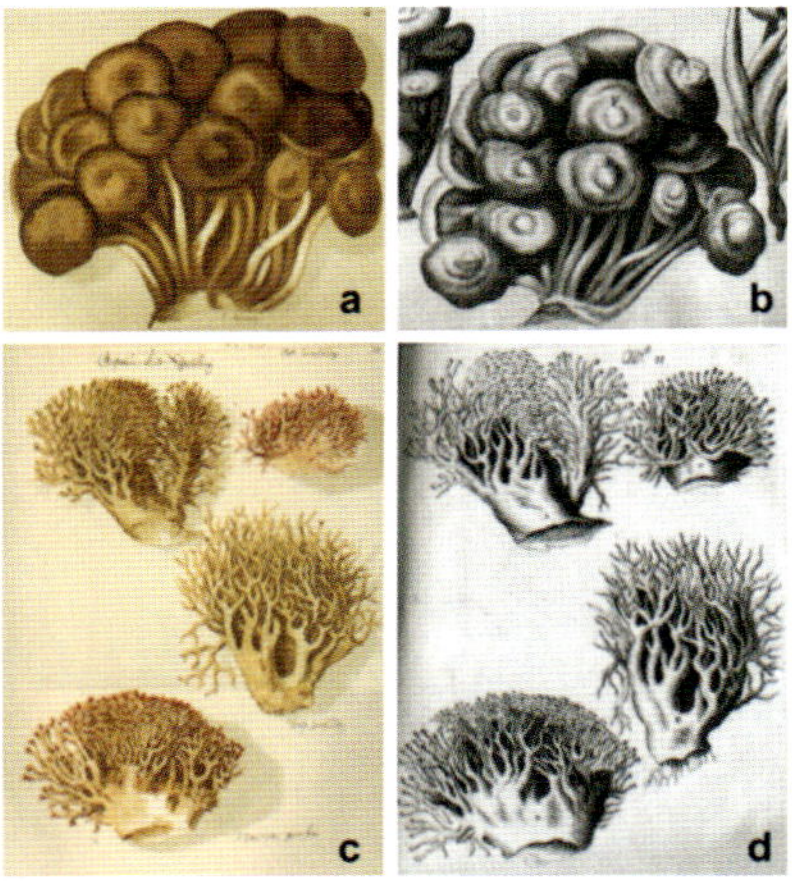

10

ステルベークが自分の『菌類劇場』の中に『クルシウス全書』を盗用した例

ⓐ と ⓒ はGyula Istvánffi, *Etudes et Commentaires sur le Code de l'Éscluse* から複写した『クルシウス全書』の水彩画。ⓑとⓓはFranciscus van Sterbeeck, *Theatrum Fungorum* から複写したもの。

11

ハラタケ

Agaricus campestris

John Augustus Knapp による写生図。
Lloyd Library and Museum, Cincinnati の厚意による。

12

キシメジに似た毒キノコ

Tricholoma equestre

J. E. Lange, *Flora Agaricina Danica*, vol. 1（Copenhagen: Recato, 1935）

13

猛毒のフウセンタケの一種

Cortinarius speciosissimus

口絵9ⓐのアンズタケと、間違って食べられたこの有毒キノコを比べてみること。

M. C. Cooke, *Illustrations of British Fungi*（Hymenomycetes）, vol. 4（London: Williams and Norgate, 1884-1886）

この中では *Cortinarius rubellus* とされている。

14

タマゴテングタケ

Amanita phalloides

R. D. de la Rivière, *Le Poison des Amanites Mortelles*（Paris: Masson, 1933）

15
幻覚性のシビレタケ
Psilocybe semilanceata

（リバティーキャップ）

この通称はフリギア人の帽子ともいう柔らかな円錐形の帽子からきている。この帽子は18世紀のフランス革命当時、自由のシンボルとなったので、リバティーキャップと呼ばれている。

M. C. Cooke, *Illustrations of British Fungi* (Hymenomycetes), vol. 4 (London: Williams and Norgate, 1884-1886)

16
ツガノマンネンタケ（*Ganoderma tsugae*）の大きな子実体

これはレイシ（*Ganoderma lucidum*）の近縁種。オハイオ州で著者と一緒に至福の時を過ごしている。

キノコと人間

mushroom

Nicholas P. Money

医薬・幻覚・毒キノコ

ニコラス・マネー 著

小川真 訳

築地書館

Mushroom

by

Nicholas P. Money

Mushroom was originally published in English in 2011.

This translation is published by arrangement with Oxford University Press.

Translated by Makoto Ogawa

Published in Japan by Tsukiji-shokan Publishing Co., Ltd., Tokyo

はじめに

表題からもおわかりのように、これはキノコの本である。キノコは菌類の生殖器官で、過去一〇億年の地球進化史の中で生まれた、最も驚くべき創造物なのだ。もし、あなたがこの生命体の大切な存在を見過ごしていたとしても、自分を責めることはない。というのも、二〇〇ページに余るこの本を読めば、すぐ追いつけるからである。

たった一晩で、牧草地や郊外の芝生に出てくるキノコを見ると、何とも不思議な楽しい気分になる。その成長過程は風船が膨らむのに似て、ツボミの中にある何百万もの細胞が、一気に膨れて茎となり、伸びて土を押しのけ、露に濡れた草の上に頭を出して傘を広げる。いったん外気に触れると、傘の下側に並んでいるヒダが、一秒間に三万個の胞子を撃ち出し、たった一日で何十億個もの顕微鏡サイズの微粒子を空中へ飛ばす。その胞子の細胞数は、地球上にいるすべての大型生物を作れるほど多い。キノコのコロニー（菌叢）は大小様々、土や朽木の中にもぐりこんで広がる。菌は、植物が生きたり死んだりしている所ならどこでも、食べて広がって行ける。腐った材木をひっくり返すか、湿った落ち葉をのけてみると、白い菌糸の束が見えるはずである。森林の表土をちょっととって押しつぶすと、キノコ臭が漂ってくるが、それは死と腐敗の芳香なのだ。また、多くのキノコの菌糸は、森林に生えている木の根に入り込み、互いに助け合って共利共生状態で暮らしている。そのほかのものは硬い馬の蹄や肉厚の棚のように見えるが、実は餌になる木を飾り立てている病原菌なのだ。キノコを作る菌の種数は驚くほど多いが、その中にはオニフスベのような大きなキノコや、成熟すると嫌なにおいを出すスッポンタケの仲間、雨のしずくに打たれて飛び出す、胞子が詰まった小さな卵（ペリジオール）を持っているハタケチャダイゴケなど、変わった幻想的な形のものも多い。

一方、神話や西欧文化の中に出てくる、キノコの最もありふれた連想は、主役になっている少数のキノコが有毒物や強い幻覚性物質を持っているところからきている。二一世紀になると、キノコ好きの若者たちが菌の抽出物の医薬的効果を喧伝し、いくつかの世界的企業が人間のあらゆる病気を治すキノコの万能薬を、市場に売り出すまでになった。また、料理の世界でも、今やキノコは大いにもてはやされ、野生キノコや栽培キノコに対する好みは、ここ一〇年ほどの間に驚くほど広まった。一方、童話に出てくるキノコや、「shroom（シュルーム）」（訳註：「シュルーム」はマッシュルームをもじった幻覚性キノコのこと。ちなみに麻薬になるメスカルサボテンの通称でもある）好きの反体制派の人々の酔狂な振る舞いなどを通じて、誰もがキノコになじむようになったとは思うが、このような親近感は科学的研究にとって、かえって不利に働きかねない。実際、キノコには地球の健康を支える重大な役割があるにもかかわらず、菌類は研究される機会も少なく、生物界の中でほとんど知られていない領域として、長い間残されてきたのである。

人々に、身近にいるほかの生物の大切さを理解してもらおうとする場合も、研究者たちは同じような問題を突きつけられる。昆虫の場合を見てみよう。生物学を習った人なら誰しも、何百種もの昆虫があらゆる方法を駆使して、生命維持のために働いていることを知っているが、あなたの目に触れる節足動物は、台所の床で触角を振り立てているゴキブリくらいのものなのである。我々にとって、あらゆる種類の事物に関する事実を説明することは可能である。それは宇宙や生命について心ときめく、我を忘れさせてくれるような魅力的な推論なのだが、我々は仕事帰りにひっかける一杯の酒代や、死後の永遠に続く無の世界や、そのほか諸々の日常茶飯事を考えるのに、いかに多くの時間を費やしていることか。しかし、もし買い物の心配をしたり、ネコに餌をやったり、eメールを処理したりする暇があなたにあるのなら、私が研究しながら書いて楽しんでいる、その半分でもいいから、この本を読んで楽しんでもらいたいのだ。

本書の八つの章は絡み合い、いくらかダブっているかもしれないが、それぞれ独立したエッセイとして読んでいただけると思う。第1章ではキノコとは何か、第2章ではキノコが何をしているのか、第3章では地下のコロニー、すなわち菌糸体について、第4章と第5章では野生キノコと栽培キノコについて、第6章と第7章では有毒キノコや幻覚性キノコの研究成果を、第8章では薬用キノコのいかがわしい点を紹介することにした。

二〇一一年一月　オハイオ州オックスフォードにて

ニコラス・P・マネー

目次

第5章 ホワイト種とベビーベラ
——地球規模になったキノコ栽培

第6章 タマゴテングタケと肝機能不全
——毒キノコとキノコ中毒

第1章　芝生の天使——キノコはどのようにして育つのか

旅する胞子

私が子供のころに住んでいたイギリスの片田舎では、近所の年寄りたちが肩の上に座っている天使や、キンギョソウの花に住んでいる妖精の話を、よく聞かせてくれたものである。ほかの子と同じように、私も妖精に一目会いたいと思って、花を探したものだが、両親から吸収した懐疑主義が、あっという間にこの無邪気な遊びを駄目にしてしまった。ところが、お隣の庭は魔法がかけられていたのか、私は芝生の上に出てきた、本物の天使を見たことがある。それはある秋の朝のこと、露に濡れた草の間から突き出している、短い茎《くき》についた鐘のようで、微妙にバランスがとれた傘は、はかなげで美しく、さわると震えていた。お昼前には萎み、青草の中に消えてしまった。子供にとって、キノコほど超自然的に見える生き物があるだろうか。おとぎ話の挿絵やファンタジー映画に出てくるものは、超自然的には映らないのだ。一角獣の背景に必ず顔を出し、森のエルフ（小妖精）の隠れ家にもなるキノコは、しばしば物語の中で実物に沿って描かれた、唯一のものなのである。ほかの生き物と違って、菌類を不思議だと思う気持ちは、自然の限界に対する無邪気さを失った後も、まだ生き残っている。我々が学ぶにつれて、キノコはその魔力を強め、神秘的なものになっていくのである。

どのキノコでも同じだが、菌類子実体《しじったい》の誕生の儀式は、空気中で始まる。そよ風が吹く日、空気は目に見えない小さな生き物で一杯になる。菌の胞子は、私たちの生命を支える空気一立方メートルの中に何百万個もいるのだが、数えきれないほどの細菌やウイルスと同じように、顕花植物や作物、球果をつける樹木などの花粉と一緒に空中を旅している。これらの胞子は、植物の葉や茎を覆う菌や、動物の糞や死骸を食べている無数の菌、キノコを作る何千種もの担子菌類などから出ているのである。我々はキノコの誕生のもとになる、この小さなかけらの混合物に浸り、息をするたびに一種のバイオスフェアを吸い込んでいるのだ。もし、あなたが鼻炎スプレーに手をのばす必要がないのなら、地面から押し合いへし合い出てくるキノコが、それぞれ何億、いや何兆個もの顕微鏡サイズの胞子を飛ばしていると思ってほしい。空中を飛ぶ微粒子を生み出しているキノコは、自然工学の傑作の一つなのである。

キノコの胞子は、ほかの菌や胞子を食べる虫がごくまれに少なく、湿った土がある場所に着地できると、菌糸を伸ばしてコロニー（訳註：ここでは野外で菌糸体がまとまって育っている状態を指す。一般に菌糸集団、菌叢、ものによってはシロという）を作り始める。このことは、破壊された生態系を修復するにあたって、キノコの性質を理解し、キノコの価値を正しく評価するうえで、欠くことのできない問題に光を投げかけているのである。この問題については、後の章でもう一度触れることにしよう。胞子の大半は、敵の多い土壌に舞い降りるので、膨大な数の胞子を撒き散らす必要がある。たとえば、北米でよく見かけるチシオタケ（*Mycena haematopus*）を見てみよう。この小さなオレンジ色のキノコは、茎か軸《じく》が傷つけられると、血のような液体を滴らせる（巻頭口絵1）。このキノコは、腐ったパルプのような材に好んで生えるので、倒木の多い雨に濡れた森林でよく見かける。キノコはその短い一生の間に、毎秒何千個もの胞子を傘の下から吹き出す。空気が完全に静かだと、胞子は毎秒約一ミリメートルの速度で落下するが、これからすると、チシオタケのヒダから胞子は一分足らずで落下することになる。

ところが、ほんの少し風が吹くと、この微粒子は何時間も空中を漂うことができる。実験してみると、胞子の大部分は親の子実体のごく近くに落下し、多くの場合傘の下ではっきりした粉末のように見えるが、ごくわずかなものだけが、樹間を抜けて遠くまで飛び、樹冠から離れていくこともあるという。[註1] 森のすべての木と一緒になれば、膨大な数の胞子も、それぞれその好みに合った餌の上に落ち着けそうに思える。どんなに頑張っても、うまく着地できた胞子の数を実際に測定することは不可能だが、勝ち組の中でさえも、そのほとんどは消えてしまうのである。材木のむき出しの表面は、見かけほど甘くはない。発芽する前に胞子はトビムシやナメクジ、アメーバなどに食べられ、その上強い太陽光線で干上がり、雨滴で洗い流されてしまうかもしれない。生き残るのは、たやすいことではないのだ。胞子が降り立った材木には、その菌に必要な栄養源が欠けているかもしれない。もしかしたら、すでに近縁のものが、チシオタケの好みの餌を食べてしまっているかもしれない。飢餓は、本当の死神なのである。たとえ、そこに湿った材木が十分あった場合でも、発芽した仲間の胞子の間で餌の取り合いが起こり、それが栄養失調の原因になるかもしれない。ある菌の領域に、別の胞子が入ってきて出す有毒物も、もう一つの脅威になるだろう。若くして死ぬ方法がやたら多いと、長生きできる可能性は限りなく少なくなる。しかし、この計算そのものが、まさにキノコがやってきたことなのだ。胞子の生産量は、生存を最大に保ち、浪費を抑えるように自然淘汰によってうまく調整されてきたのである。

胞子から菌糸へ

キノコの仲間は、どんな動物よりもマルサス（訳註：トーマス・ロバート・マルサス〈一七六六―一八三四〉、イギリスの経済学者。『人口論』で有名）がいう、「空間と食物のための絶え間なき戦い」という説によく合致している。地球規模でいうなら、人類の出生率は女性一人当たり二・三だが、オニフスベ（*Calvatia gigantea*）（巻頭口絵2）の繁殖率は何兆にも跳ね上がる。この驚くべき多産系のキノコは、チシオタケと同じようにごくありふれた種だが、森林よりもむしろ草地に暮らしている。オニフスベは定住性だが、自分の生息地に胞子をまき散らすのに、目に見えるほどの障害は何もない。ちょっとした風が、その粉のような子供を吹き散らし、雨滴が霧のように胞子を空中へ送りだす。この何兆個もの胞子は、別に新しい草地を探す必要はないが、いったん落ち着くと、すべての菌の胞子が耐えている、予想外の気候や食害、競争などの試練を潜り抜けて生き残らなければならない。このため、どこの草地もオニフスベだらけにはならないのだが、その代わりじめじめした場所のあちこちに、地下のコロニーの目印になる白いボールを掲げて、牧場を飾っているというわけである。

雨滴は、ある種にとって発芽するのに必要だが、ほかのものは、もっと細かな理化学的条件を求めることがある。オニフスベの胞子は、実験室ではきわめて発芽しにくく、シャーレの上で発芽するのは、わずか一〇〇〇分の一にすぎない。[註2] 発芽試験によれば、酵母（単細胞の菌類）が近くにいると、発芽しやすくなるというが、このことから胞子が自然状態で置かれている複雑な様子が垣間見えてくる。かなり多数の菌類の胞子が、実験室内でまったく発芽しない理由は、キノコと酵母、昆虫、はては鳥ともつながっている絡み合った生活史にあるのかもしれない。このような多様な相互関係が見られるのは、ほかの生物の分泌物にさらされたり、同じ餌を共同で消化するために共存したりする場合や、または相手の動物の消化管を通過するような、より親密な関係が含まれているからかもしれない。なお、キノコを作る菌類と昆虫との相互扶助関係については、第3章で触れることにする。

発芽は胞子から数本のごく細い菌糸、または発芽管が出るところから始まる（図1.1）。ある種の胞子は発芽する前に膨らむが、ほかのものでは発芽に先立つ目立った動きは見られない。発芽管はしばらく伸びて、その先端近くで枝分かれし、二番目の菌糸を出す。この二本の菌糸は、また二番目の菌糸が成長するまで伸び続け、それからどんどん枝分かれが進み、数時間のうちに菌糸のネットワークが見えるようになる。これは若い菌糸体、いわゆるコロニーで、その中軸に位置するもとの胞子から放射状に、無数の先端で伸び続ける。伸びる完全な管状のトンネルの中を、液状の内容物が先端に向かって脈打って流れ、菌糸が急速に成長するが、これを顕微鏡の下で眺めると実に美しい。

私が菌糸体の形を知ったのは、父が抗生物質のペニシリンを発見したアレクサンダー・フレミングのことを話してくれた時だった。彼はサンドイッチを頬張ろうとしたとき、パンについたアオカビのコロニーに気づいたと言い、フレミングの菌は隣のうす汚れた台所から、開け放った窓を通って流れてきたに違いないと、勿体ぶって細かく教えてくれた。お陰で私は、誰でも昼食をじっと見ているだけで、世界的に有名な科学者になれると、完全に思い込まされてしまったのである（四〇年たった今でも、私は「ニコラス、そんなことはまったくありえない」と言ってから、「進め。キリストの戦士よ」という我が校の校歌を歌っている間、ずっとムチを振り回していた教師の姿が頭にこびりついて離れない）[註3]。もう一度、幼年期について言うなら、枝分かれした菌糸が作るコロニーは、キノコができる前の、いわば思春期のようなものなのだ。

最初に顕微鏡を使った人たちは、一七世紀にこのような糸状のもの、すなわち菌糸を見ていた。昆虫の解剖で名高いマルチェロ・マルピギーは、一六七〇年代に出版した『Anatome Plantarum（植物解剖学）』の中で、初めてその構造を描いた図を公表した[註4]。菌の「種子」としての胞子は、マルピギーより一世紀も前に推測されていたが、フィレンツェの優れた博物学者、ピエール・アントニオ・ミケーリに

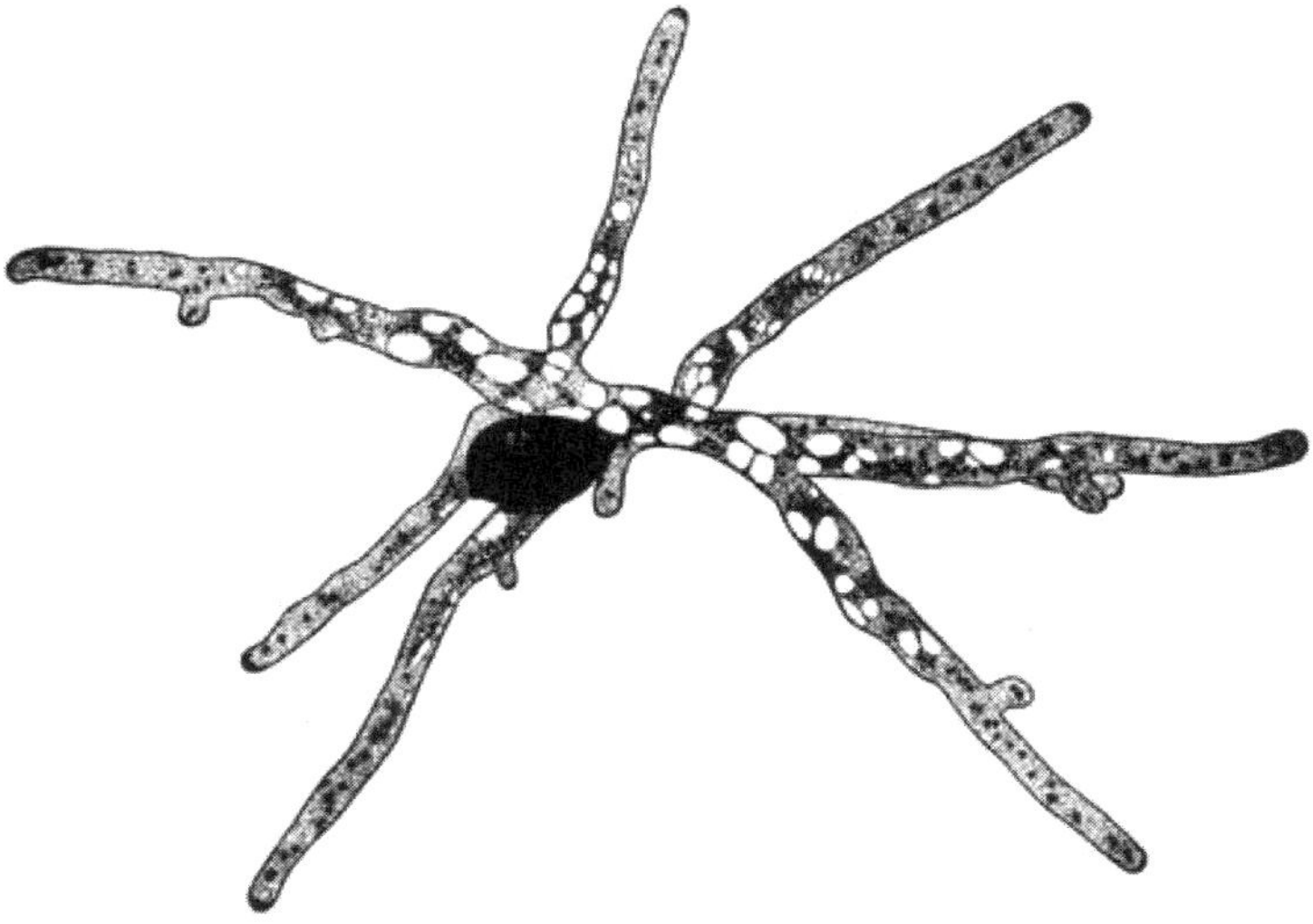

図 1.1　黒い 1 個の胞子から育った、ヒトヨタケの 1 日たったコロニー
A.H.R. Buller, *Researches on Fungi*, vol.4（London: Longmans, Green, 1931）

よる実験結果が一七二九年に出版されるまで、証明されていなかった。[注5] ミケーリは胞子発芽を観察したわけではないが、胞子の形を写生し、あるキノコから落ちる胞子を、落ち葉の上にふりかけておくと、そこから同じ種類のキノコが発生することを明らかにした。実際目にした菌の生命力は、先駆的な研究者にとって驚きの対象であり、ほかの生物と親しんでいた人々の間に、大きな混乱を巻き起こした。ミケーリも、菌類は単純な植物の仲間だという、当時普及していた考えを抱いていたが、ほかの研究者たちは菌類を動物界から枝分かれした、奇妙なものとみなしていた（さほど人間中心主義的でない研究者たちは、動物を菌界から枝分かれした、風変わりなものととらえていた）。フックはその『ミクログラフィア』（一九八五年 仮説社）の海綿の項目の中でキノコの構造について解説し、リンネは『Systema Nature（自然の体系）』の一二版の中で、菌の胞子からアニマルキュール（滴虫類）が出てくると記述し、菌類を虫類（*Vermes*）の下の *Chaos*（訳註：カオス、わけのわからないものの意）属として分類した。これは、真核生物の中で菌類を動物に近いグループとして扱い、双方とも植物からはかなり隔たったものとする、現代のとらえ方に照らして見ると面白い。

誰が胞子を見たのか

胞子発芽の正確な記述は、一世紀後にフランスの研究者ベネディクト・プレヴォーによってなされた。彼はクロボキン（*Tilletia caries*）の胞子が、なまぐさ黒穂病の原因であることを明らかにした。[注6] 胞子発芽に関する研究の詳細な記述は一八七〇年代に引き継がれ、オスカー・ブレフェルトが純粋培養法を取り入れて、培地にゼラチンを用いて、その表面に菌のコロニーを育てた。[注7] ブレフェルトは、この方法でカビによる汚染を防ぎ、トフンヒトヨタケ（*Coprinopsis stercorea*）が一本の菌糸から、キノコを作るまでの成長過程を追跡することに成功した。すぐ後に説明するが、キノコの多くは、このような無性生殖では成長しないのだが、ブレフェルトが選んだこのヒトヨタケ属の一種は、何でも一人でやってしまう、お手軽なセックス嫌いなのだ。

胞子発芽の実験は、ヴィクトリア朝時代の思いがけない人物、童話作家で挿絵画家としても名高い女性によって進められた。いたずら好きのピーター・ラビットの生みの親、ベアトリクス・ポターは、子供のころスコットランドやイングランドの湖水地方で休暇を過ごし、その体験を通じて博物学に強い興味をいだくようになり、その情熱を生涯持ち続けた。彼女は水彩でキノコを見事に描き、その美しい絵は、没後なじみ深いキノコの本の挿絵として使われた。[註8] その上、ポターは顕微鏡を使い始めて、一八九〇年代に入るとキノコへのめり込むようになり、地衣類の成長とキノコの生活史をめぐる問題に取り組むようになった。そして、地衣類は自分で葉緑素を持った細胞を作ることができる菌類によって形成されるのかもしれないと考えた。おそらく、その形態変化を記録しようと思って、ポターは胞子発芽の実験を進め、先にブレフェルトが行った仕事を追試した。彼女が調べていたものの一つが、木の幹や枝の上に小さな円盤か、塊のようなものを作った。その大きなとげのある胞子を発芽させることに成功したので、彼女は地衣類が成長する初めの段階を見ることができたと信じ込んだようである。ところが、ロンドンにある大英博物館の植物学芸員だったジョージ・マリーに、この観察結果を見せたところ、彼女が「地衣類」だと思っていたものが、実は「菌」だと教えられて、この研究はそこで止まってしまった。アカコウヤクタケ（*Aleurodiscus amorphus*）のオレンジ色の円盤は、確かに見かけは葉状地衣類か、固着地衣類によく似ているが、この菌の仲間はありふれた傘型のキノコを作り、共生相手の藻類を伴っていない。ポターは研究成果を見てもらうため、キュー王立植物園に足を運んだが、尊大な館長に門前払いを喰わされたという。しかし、それにもめげず、彼女は研究を続け、アカコウヤクタケでの経験を、ほかのキノコの胞子発芽の研究へと押し広げた。彼女は研究成果をまとめて論文を書き、ロンドン・リンネ協会へ提出したが、熱のない公開討論会が終わると原稿を取り下げ、研究生活を捨ててしまった。それでも、やはりポターは菌学の先駆者であり、その知性と好奇心を科学の道につぎ込んだ人物だった。たぶん、彼女はヴィクトリア朝時代の研究者に必要とされた、Y染色体を持っていたのだろう（訳註：当時科学研究者は男性に限られていた）。幸いなことに、彼女の優れた芸術的才能が、野心へのはけ口になったのである。

菌糸構造の発達

胞子からコロニーを経て、キノコへという移り変わりは、驚くほど神秘に包まれた、成長の道程である。ブレフェルトやポターのころからみると、菌学者たちは胞子が発芽し、コロニーが広がるときに起こる変化について、非常に多くのことを学んできたが、我々は子実体形成に至るまでの個々の細胞と機能との相互関係については、まだ納得のいく説明から程遠いところにいる。"evo-devo"（訳註：evolutionary developmentからの造語で進化発生学のこと）ともいわれる、進化から見た成長、または発育の研究は現代生物学の中で最も刺激的で、得るところの多い分野である。カイチュウやショウジョウバエは、進化発生学の研究領域でもてはやされているが、これらの動物は人間の内臓に似た機能を備えた、原始的な腎臓や腸、生殖器官などを持っており、私たちはその部分がどのようにしてまとまっているのかよく承知している。一方、キノコの構造は大変単純で、単一の形の細胞からできている、単一の器官なのだが、この単純さは研究材料としての扱いにくさと、著しく対照的である。私は自分たちが学んだことを、本物のアメリカ退役軍人ドナルド・ラムズフェルド（元国防長官）の「わかりきった、わからないこと」または「知らないということを知っていること」（訳註：ラムズフェルトの回想録の題名は Known and Unknown）という言いまわしにならって、ほんの概略だが、できるだけ話してみようと思う。

キノコを支えているコロニーは、湿った枝についている場合のように、きわめて小さくもなれるし、森林の土に大面積を占める場合のように、大きくなることもできる。今のところ、その世界的チャンピオンは、オニナラタケ（*Armillaria ostoyae*）のコロニーだが、それはオレゴン州のマルール国有林にあって、二四〇〇エーカー、つまりおよそ一〇平方キロメートルの範囲に生息している。[註9] この菌は根状菌糸束で広がるが、それはたくさんの菌糸がもつれ合ってできた、根のような構造をしており、キノコの茎にも似ている。表面は黒色で、時に平たい「靴ヒモ」のようになり、森林の土の中や腐った木の樹皮の下などで見つかる。このように菌糸が集まって成長すると、菌糸がばらばらに分かれているコロニーの場合よりも、ずっと速く広がることができる。この管を通して菌糸の先端へ必要な水を送るので、乾燥した土の中でも成長することができる。森林にいる木材腐朽菌の多くは根状菌糸束を作っているが、それは菌が摂食行動をするのに必要な、菌糸からできている付属器官なのである。

ブレフェルトが見せてくれたとおり、胞子は通常一個に一本、時には数本の菌糸を突き出して発芽する。菌糸は伸びながら枝分かれして、放射状に広がるコロニーになり、その先端がすべて餌をとるための菌糸で、餌を探ることができるネットワークを作っている（図1.2）。その様子は植物の葉脈や動物の血管に似ている。いずれにしても、このようなネットワークはそれぞれ管を通して、ある一定体積のものを行き渡らせるのに便利な方法である。ある種のコロニーはほかのものより高頻度に枝分かれし、そ

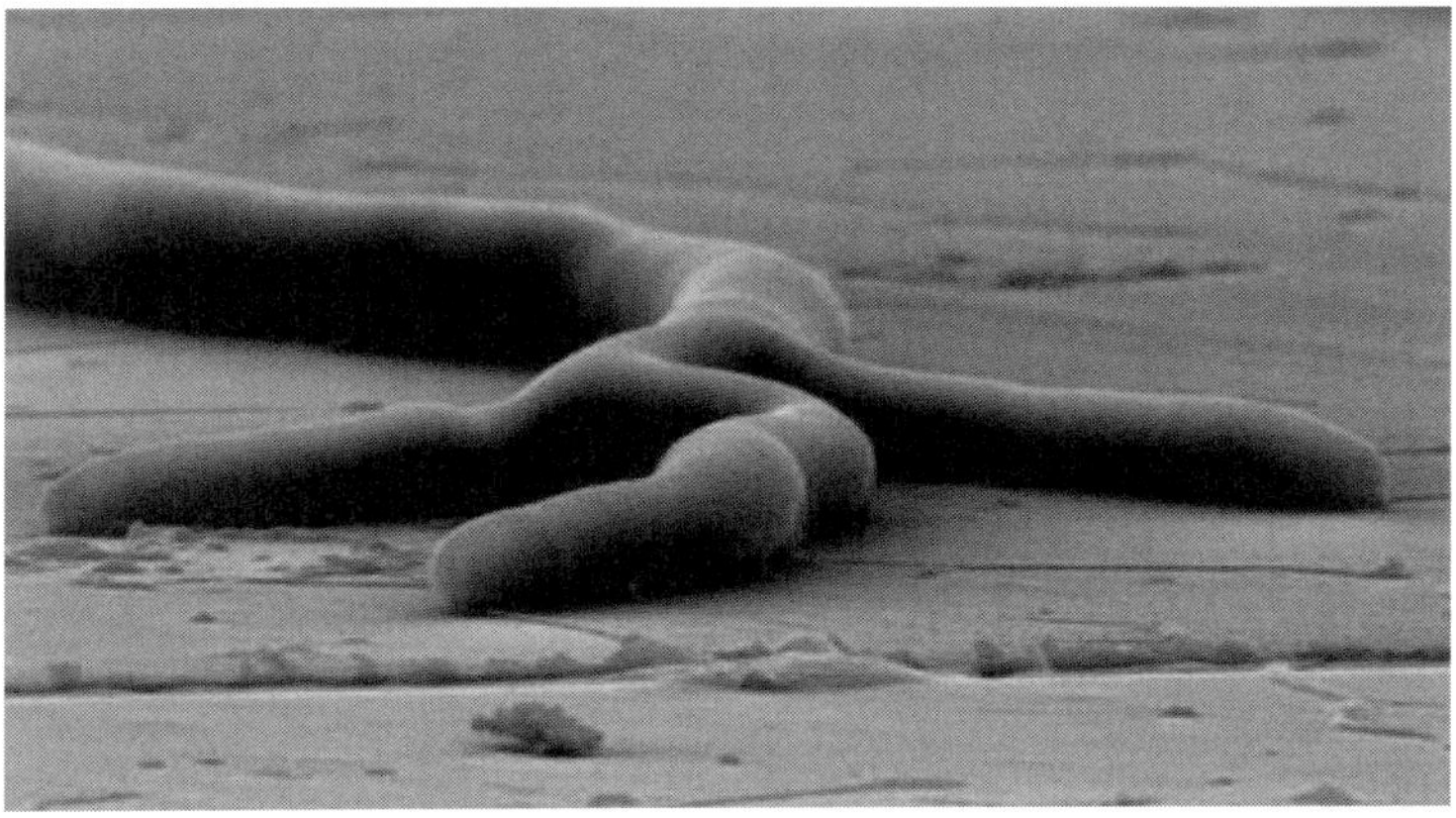

図 1.2　走査型電子顕微鏡で撮った固形物の表面で成長する菌糸の先端
この摂食のための構造は、すべての菌に共通している。写真は Geoffrey Gadd, University of Dundee からの提供。

の枝はコロニーのほかの部分とつながる機会を増やすために融合する。実験室内で湿った砂に成長させた木材腐朽菌のコロニーは、菌糸がばらばらでしっかりした束にならない、コードという（根状菌糸束に類似した）ものを作りながら、見かけはきれいに広がる。この腹を空かせたコロニーは、その一部が木材のかけらに出会うまで、少しも見かけを変えずに砂の中を広がり続ける。ところが、木片に出会うと、菌は食べ物に向かって集中的に成長し、材木に直接つながる菌糸束を作り、菌糸の状態を捨てる。餌を探すための、どんな複雑な仕掛けもないのに、この菌は全方向に扇型に広がり、伸びられるだけ伸びて、周りにある栄養物に行き当たるのに賭けているのだ。たとえば、友達と携帯電話で連絡できるだけだと指示して、おなかを空かせたティーンエージャーの一団を知らない街へ送りだして、黄金のアーチ（訳註：マクドナルドの看板）の下で会えるかどうかやってみると、まったく同じ図式が得られるはずである。ほとんどの若者は探索に散って、数時間後には同じマクドナルドの店にたどり着くことだろう。

菌の生活史

キノコを作る菌のコロニーの菌糸は、隔壁という仕切り壁を持った短い小さな部屋に分かれている。顕微鏡で見ると、この菌糸は桟の間が広く空いている、梯子のように見える。隔壁の真ん中にはバルブの付いた孔があって、開いているときは細胞質が部屋から部屋へと流れるようにできている。個々の部屋は、いわば一つの細胞ともいえるが、孔で互いにつながっている部屋は、多くの核を持った単一の細胞だといえなくもない。一個の胞子から育ったコロニーは、部屋ごとに一個の核を持っている。このようなコロニーのことを、核が一個であることから、モノカリオン（一核体）またはホモカリオン（同核共存体）と呼んでいる。キノコ類の生活史のことに触れた教科書では、このような一核のコロニーが融合して作られた、新しいタイプのコロニーのことをダイカリオン（二核体）と教えている。二核体では、部屋ごとに二つの核がおさまっており、その核はそれぞれ元の交配相手から来たものである（図1.3）。キノコは、この二核体のコロニーから生まれてくる。二核体の中で新しい部屋ができるときはいつでも、一対の親の一核体から受けつがれた核のコピーが備わっていなければならない。また、新しくできた隔壁の周辺では、核が混じりあって分裂する過程が見られる。この過程はクランプコネクション（かすがい連結）という、小さなかぎ状の突起ができることで完了する。これは二核体の隔壁の外側にできたふくらみとなって見えてくる。

この生活史にも例外があって、単一の胞子からできたコロニーがキノコを作る場合（先に述べたブレフェルトが研究したヒトヨタケ）や、複数の親によってモザイク状のキノコができる場合がある。ただ

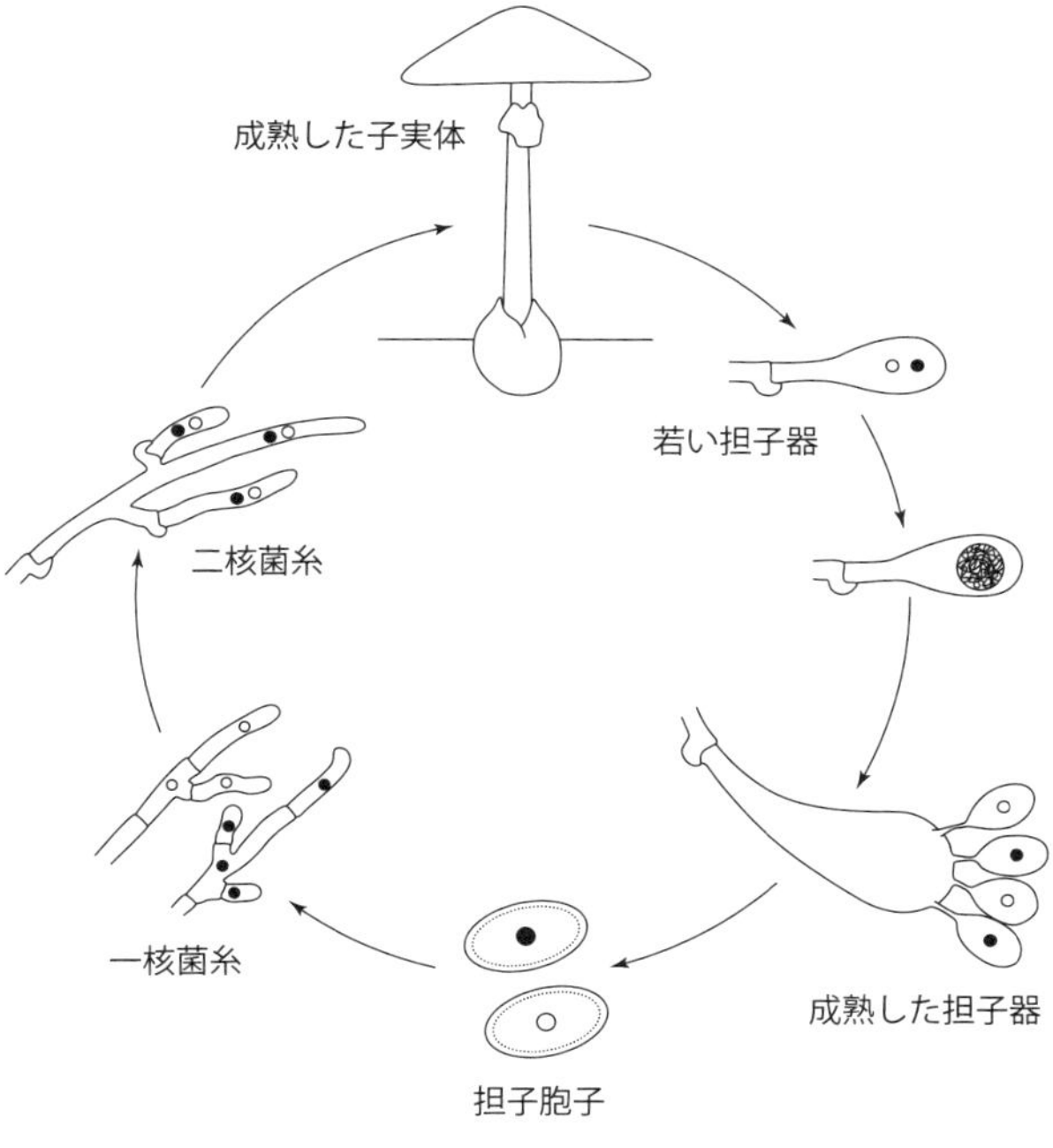

図 1.3　担子菌類の生活史

担子胞子は発芽して、単一の交配型の核を持った一核菌糸のコロニーを形成する。親和性のある一核菌糸は融合して、キノコを作ることができる二核菌糸を作る。2 つの交配型の核は、ヒダの表面にある担子器の中で融合し、融合した核が減数分裂してできた 4 個の核は、1 個ずつ新しい胞子に収まる。この図は H. J. Brodie, *The bird's Nest Fungi*（Toronto: University of Toronto Press, 1975）から引用した。

し、ほとんどの種は、相性の良い二つのコロニーの間での有性生殖を必要としている。一つのキノコから採った胞子を実験的に交配させると、隠されている大切な遺伝的制約の姿が浮かんでくる。ほとんどの場合、このような同胞交配の四分の一が、なんとか二核体を形成し、残りの四分の三は交配に失敗するのだから、キノコはヨーロッパの王族よりも、ずっと洗練されているのだろう。自然界のほかの場所では、同系交配を制限する理由が十分あるので、キノコは外部交配を好んだらしい。キノコの一つの種は、何万もの遺伝的にまったく異なる相手と交配できて、しかも、そのほとんどが互いに交配できるか、現にしているのである。要するに、オスもメスもないのだ。仲間うちで交配しようとしないかぎり、細胞融合は成り立っているのである。[註10] この乱交のようにみえる理由は、先にも述べたように、キノコが初めの段階で死滅する場合が多く、一つの種が同じコロニー同士で交配するのを、完全に抑制されているからかもしれない。そのため湿った土の中で一本の菌糸がほかの菌糸に触れると、細胞壁が溶けて液体が流れ込み、核が混じりあうのである。

一九世紀になると、ドイツとフランスの科学者たちが最新の顕微鏡を駆使して、菌の発育過程を解明し始めた。現代菌学の始まりを告げるテキストとされる『Morphologie und Physiologie der Pilze（菌類の形態と生理）』[註11]を、一八六六年に出した師匠のアントン・ド・バリーほどには知られていないが、オスカー・ブレフェルトはその中心人物だった。同時代のフランスの研究者、ルイ・ルネ・テュランとシャルル・テュランの兄弟は、一種の菌が異なった種類の胞子を作ることに気づき、自分たちの発見を素晴らしい大判の図鑑に載せて発表した。[註12] 菌類の性行動は、一九世紀の主だった菌学者たちにとって、きわめて重要な研究テーマだったが、幕が開いてみると、その仕組みは動物の繁殖に見られる卵と精子の取り合わせよりも、むしろ穏やかなコロニーの融合にあると思われた。ある程度ウォーシントン・スミス（図1.4ⓐ）という、イギリスのアマチュア菌学者の間違った空想のせいもあるが、キノコ類の生活史は第一次世界大戦のころまで正しく理解されず、謎のまま残されていた。スミスは絶え間なく顕微鏡観察を続けた結果、ついにキノコが胞子を射出した土の上に、精子細胞が入っている容器が落ちるのを見たと主張した。ありもしない精子細胞をとらえるのに費やした努力のほどは、彼の記述からも明らかである。「まず、その物体の形を満足できるまで見るためには、長時間根気よく観察することが必要だが、いったんある形が見分けられれば、その特異な形を正しくとらえるのは、さほど難しいことではない」[註13]。

スミスの間違いのもとは、おそらく迷い込んできた、毛のような繊毛を持った単細胞の原生生物を、キノコ類の精子と思い込んだためだろう。このことは、顕微鏡の下に準備したものを水和状態に保つため、きれいな液体からほど遠い、「馬糞のしぼり汁」を加えたという彼の告白によって裏付けられている。

競争が激しい分野からすると、ウォーシントン・スミスをイギリス菌学における最も華やかな人物の一人として、評価するのが妥当なように思える。スミスは建築家としての教育を受けたが、名の通った考古学者であり、菌類の優れた写生画家でもあった。彼はイッポンシメジ（*Entoloma sinuatum*）を食べて、自分も家族も中毒した後でも、しばしば菌類の研究は「頭の体操」だと言っていたそうである。スミスはこのキノコを食べられるものと間違え、さらにまずいことに、バターで調理する前に二日もガラス鐘の中に入れておいたのだ。昼食後、彼はケント州の街へ出かけるために家を出たが、駅で汽車を待っている間に「変に不安で憂鬱な、胸が締めつけられるような、経験したことのない感じにとらわれ」、それから「ひどい頭痛が、その感じに輪をかけた」という。さらに汽車の中で胃が痛くなり、目的地に着くころには幻覚が始まった。家に帰ってみると、妻と娘が嘔吐して衰弱し、昏睡状態に陥って

(a) (b)

図 1.4　イギリスの菌学者たち

(a) ウォーシントン・G・スミス（1835–1917）ちょっと変わった菌学者・考古学者。(b) エルシー・マウド・ウェークフィールド（1886–1972)。キノコを作るためにはコロニーの間での交配が必要なことを明らかにした、大学院学生。

(a) の写真は The Natural History Museum から、(b) は C. G. Lloyd, *Mycological Notes* 7（1924）から。

いた。スミスは一二時間も眠り続け、「毒キノコが近づいたり退いたり、それが大きくなったり、先の見えない迷路の中で小さくなったり、中毒した子供たちや死んだ両親など」の夢を見たという。彼は『Journal of Botany（植物学雑誌）』に載った記事の中で、その経験を詳細に述べ、一八六七年にはキノコの同定のためのガイドブックを出版した。[註14]

キノコの性と形態形成

一九世紀の科学界まで持ち越された、キノコの性に関する混乱した考えは、ミュンヘンで勉強していたオックスフォード大学の二三歳の学生、エルシー・マウド・ウェークフィールドの手で、ついに一掃された（図1.4(b)）。キノコを作るには交配が必要だということの証拠は、一個の胞子から育ったコロニー（訳註：単胞子培養）を用いた彼女の実験から明らかになった。つまり、ある組み合わせで交配させると子実体を作るが、ほかの組み合わせでは作らなかったのである。[註15]ウェークフィールドは先駆的な科学者で、専門的な菌学者となった初めての女性の一人だった。また、彼女は四〇年間キュー王立植物園の菌学部長として勤務した。彼女はウォーシントン・スミスの精液説からキノコの生活史を解き放ったという点で、この章でも重要な存在なのである。コロニーが合流すると、混じりあった核は配偶子として働くが、核の融合はキノコが成熟するまで起こらない。二つの核は距離を保って、二核体の部屋の中で何日も何か月も、いや何年もの間、対になったまま過ごす。この長い前戯は、キノコを作る菌類が地球上のほかの生物とかけ離れているとされる、特徴の一つである。以前、うかつにも私はこのカップルはともに成長して餌を摂り、それから子孫を撒き散らすために助け合って、キノコを作ると思っていた。ところが、核融合の最後の過程は、ヒダにある胞子を作る担子器という細胞の中だけで起こるのである。

栄養を摂る菌糸からキノコができる過程は、菌糸がもつれた塊から始まる。この針の先ほどの細胞の集合体が大きくなるにつれて、茎や傘、ヒダなどが見えるようになり、環境条件が整うと立ちどころに、急速に成長して成熟した生殖器の出発点になる胚、またはツボミを準備する（図1.5）。

先にも触れたように、ここで何が起こっているのか、ほとんど何もわかっていない。動物はすべて、発育の中間段階で頭や尻尾がどの位置にできるか、それを決定する遺伝子のカタログを持っている。ヘッジホッグ（訳註：細胞外分泌タンパク質、ヘッジホッグを介したシグナル伝達経路をヘッジホッグシグナルという）やノッチ（訳註：動物の発生や再生などに重要な働きをするタンパク質、ノッチ受容体を介した細胞接触依存型のシグナル伝達経路をノッチシグナルという）という変わった形の遺伝子は、胚の状態にあるとき、肛門が額の真ん中よりも尻尾に近いほうにできるように特化された、シグナル伝達経路にかかわるタンパク質をコードしている。この種の発生にかかわる遺伝子は、動物では普遍的なので、キノコの傘や茎などの形態形成を決定する、同じような役割を担う関連遺伝子、つまりホモローグを探すことができそうである。ところが、菌類のゲノムに関する網羅的な研究結果を見ても、キノコ類にはそのようなホモローグが見当たらない。[註16] どうやら、キノコは別のドラムの音を聞いている（訳註：動物と異なる進化系列を進んでいる）ようだ。[註17]

コンピューターでシミュレートすると、わずかな法則によって動かされている、一握りの糸から、仮想のキノコができてくるのが、実によくわかる。[註18] この法則には、菌糸が伸びるときに近くの菌糸を惹きつけたり、避けたりする度合いや、枝分かれの頻度と成長する枝の角度、菌糸先端の重力に対する反応の仕方などが含まれている。このシミュレーションモデルはほんの少しの法則で、具体的にキノコを作りあげて見せることができる点で素晴らしい。これは「オッカムの剃刀」をコンピューターモデルに応

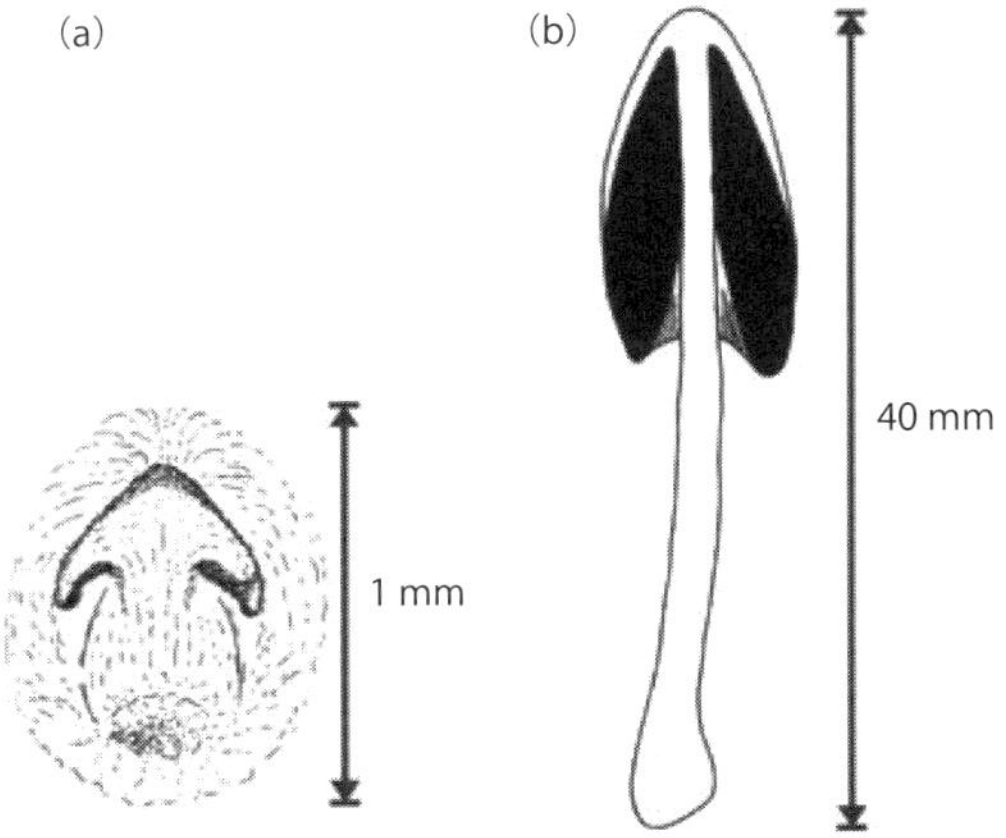

図 1.5　ウシグソヒトヨタケ（*Coprinopsis cinerea*）の成長
(a) 保護膜のような菌糸に包まれた、小さな茎と傘を持った子実体原基。
(b) 原基から1時間足らずで大きくなった、成熟した子実体を縦割りにしたもの。
D. M. Moore, Fungal Morphogenesis (Cambridge: Cambridge University Press, 1998) の図を改変。

図 1.6　コンピューターシミュレーションによる菌糸の成長
A. Meškauskas, L. J. McNulty, and D. Moore, *Mycological Research* 108, 341–353 (2004) より。

用したもので、「必要もないのに、多数の事柄を仮定すべきではない」ということである（訳註：「オッカムの剃刀」はスコラ哲学に由来する哲学用語で、「ある事柄を説明するのに、必要以上に仮定すべきではない」という考え。思考節約の法則、またはケチの原理などともいわれている）。たとえば、もし、我々がこの糸の動きを一本ずつ別々に細かく描いたとしても、仮想のキノコは実物の絵か、写真以上のことを教えてくれないだろう。しかし、コンピューターシミュレーションが示しているのは、この手の操作が必要ではないということなのだ。いくつかの要因をコントロールし、それを一度にすべての菌糸に適用し、さらに要因を変えて、またすべての菌糸に適用すると、仮想のイグチが見事に成長してくる（図1.6）。森の中やキノコの図鑑で見る複雑なものが、実は比較的単純な条件の組み合わせによって、形成されているのかもしれないというのだから、これは重大な発見である。

また、コンピューターシミュレーションは、動物に一般的な発生のための遺伝子が菌類には欠けていると考えるヒントを与えている。このモデルにしたがって、細胞がくっついたり離れたりする連続的な波長を決める成長指示計は、繊細なヒダをつけるキノコから、腐った木に生える分厚い硬質菌の類に至るまで、あらゆるものを十分形作らせることができるかもしれない。しかし、この可能性を拡大しようとすると、研究者はまだ、ある菌糸が隣の菌糸の位置を感じ取ったり（ある細胞がその近くのものから離れるためには、接近したことを感じ取らなければならない）、菌糸の分岐を調整したり、重力に反応する細胞の生物学的メカニズムを決めたりしなければならないだろう。そして、膨大な数の「よく知られているにもかかわらず、不確かなもの」を指摘するため、一万六〇〇〇種ものキノコの子実体を互いに見分ける遺伝子が特定されるという見込みもないのだ。ベニヤマタケ、ワカクサタケ、ツキミタケといったアカヤマタケ属（*Hygrocybe*）のコロニーは、何世代にもわたって、変わらない物堅さでヒダの厚い独特の形をしたキノコを作っているのである。これらのキノコの名前のいくつかは、色やにおいに表れる違いによってつけられているが、その違いの元は、実はもっと奥深いところにある。子実体の形は、魔女の帽子と呼ばれるアカヤマタケ（*Hygrocybe conica* 巻頭口絵3）のとんがった傘から、ツキミタケ（*Hygrocybe chlorophana*）のレモン色の平たい蝋細工のような傘や、その近縁種のぬめりがある、緑色をしたワカクサタケ（*Hygrocybe psittacina*）の釣鐘型のキノコに至るまで、はっきりと見分けられる。キノコの傘の下にあるヒダは、種ごとにその厚さや隙間の幅が異なっており、ヒダの表面から突き出している細胞や、その生産が子実体そのものの存在理由でもある、胞子の形や大きさにも違いがみられるからだ。

重力が決め手

担子器と呼ばれている細胞は、ヒダの表面にある成長が止まった菌糸の先端にできる。キノコの体の中にある何十億もの、ほかの細胞と同じように、若い担子器は両親のコロニーからやってきた、一対の核のコピーを持っている。これらの核は融合し、遺伝的に異なる四つの核を作るために減数分裂し（動物の卵子と精子による細胞分裂のメカニズムと同じ）、核はそれぞれ一つの胞子に収まる。成熟した担子器は、四つの胞子を乳首の先につけた、牝牛の乳房に似ている（胞子と担子器は次の章にも出てくる）。いったんキノコを離れると、この胞子は眼に見えない生き物となって空中を移動し、適当な場所に落ちてその生活史を完了する。胞子、コロニー、交配したコロニー、キノコ、そしてたくさんの胞子といった具合である。

日光は子実体原基の形成や胞子形成など、子実体形成過程のいくつかの段階で引き金になってはいるが、光が植物の成長をコントロールするようなやり方で、キノコの傘の向きを変えることはない。菌類は、光の粒子を吸収して糖類を生産する能力をまったく欠いているので、植物が作った光合成産物を、暗いところで食べるように進化した。その代わり、重力がキノコにとって飛びぬけて重要な環境要因になったのである。そのわけは、キノコが胞子を射出するための台座であることを考えればよくわかる。胞子はいったんヒダから離れると、傘の下から垂直方向に落下し、子実体の周りを渦巻いている空気の流れに乗って撒き散らされる。もし、ヒダがまっすぐ下向きについているキノコが、上向きに伸びなかったとしたら、胞子が飛び出すこともなく、菌類は常に不確かな未来に向かって遺伝子を送る機会を失ってしまうことだろう。キノコにとって、重力がすべてなのだ。このことについては、次章でも触れるが、重力によって成長が決まるという証拠は、どのキノコでも胞子を作る組織のでき方に現れている。栽培キノコは重力を手がかりにして作られているので、傘の下にあるヒダの規則的な配置は、八百屋で売られているキノコを見ればよくわかる。キノコの茎もやはり重力に敏感で、成長途中に水平方向に置き換えると、キノコの茎はヒダを下に向けるために、正しい角度を保とうとするだろう。スペースシャトルの中で育ったキノコは方向を見失ってまごつき、地球の中心を探すかのようにねじ曲がった茎を作ったという。[註19]このような残酷な実験は、宇宙計画の不愉快な点なのだが。

ヒダの表面で胞子を作る細胞は例外として、キノコを作っているすべての細胞は、子実体内部での役割を放棄して、新しいコロニーを作ることができる。キノコの傘か茎から菌糸を取り出して、シャーレに入れた寒天培地に置くと、栄養菌糸の状態に戻る。おそらく、この形態変化は、自然界では珍しいことなのだが、キノコの細胞が機能分化する柔軟性を捨てていないという事実は、菌類が独立した生物界として、その存在意義を正当化している顕著な特徴の一つなのである。キノコの中のほとんどすべての細胞は、茎の細胞である。[註20] 何百万もの細胞が上下方向に茎を走り、それが横方向に広がって傘になる。また、あるものはヒダの肉の中で球形の細胞に、他のもの（シスチジア）はヒダの表面に突き出されて、フランス式コンドームの先端のようになる。これで、配置完了というわけだ。

水圧で大きくなるキノコ

子実体原基が膨らむにつれて、細胞は決まった位置に引っ張られるのだから、傘が展開する機械的過程は、菌糸の方向を決めるのに重要な役割を果たしている。キノコが成長する場合には、「膨張」という言い方がふさわしい。なぜなら、一晩のうちに芝生などに出てくる劇的な発生は、細胞数の増加によるものではないからである。[註21] その成長過程は水圧によるもので、子実体形成の初期段階から前もって組織になっていた、すべての細胞に水が吸い上げられるようにできているのだ。それを行うために、菌糸の細胞壁がゆるくなり、浸透圧によって受動的に大量の水の流入が起こる。この過程は人間の胚発生に伴う成長や分化と違って、生理学的にいえば見事に単純である。キノコの膨張はごく少数の遺伝子の発現によるもので、数時間で終了する。キノコの菌糸の細胞壁は、際限なく広がることがないので、水の流入によって圧力がかかった状態になる。膨圧と呼ばれている圧力が、子実体の中の異なる組織の間に緊張状態をもたらし、茎を伸ばして傘を外側へ広げ、ヒダを並べたてることにつながる。重力によって動く茎の湾曲率は、茎の外皮を押さえている菌糸と、それとは反対に伸長する力を出し続ける内部の細胞の間の弛緩の程度によってコントロールされている。このほぼ一気圧ほどの力が、土や腐った木の中からキノコが飛び出す勢いのもとになっている。[註22] 町の中でキノコが敷石を持ち上げたり、アスファルトを割ったりするのは、このためである。屋内でも、肘掛け椅子のクッションの下に生えたキノコの株が、

人間や膝かけの上で寝ていたネコやブランデーグラスを、革の肘掛け椅子から数インチも持ち上げたことがあるという。[註23]

この章では、キノコの成長の姿を大まかな筆致でざっと描いてみようと思って、平均的と思われるヒダのあるキノコの成長を取り上げた。しかし、実際にはこのモデルにもかなりの幅がある。猛毒のタマゴテングタケ（*Amanita phalloides*）を含むテングタケ属（*Amanita*）についてみると、ツボミの段階は、外被膜というつながった組織に包まれており、この組織はキノコが成長するにつれて破れ、傘の上の斑点または鱗片や、茎の根元のツボ（ボルバ）になって残る（図1.7）。内被膜と呼ばれる二番目の被膜は、ヒダの下を覆っているが、傘が開くと外側の縁から破れてツバになり、茎から垂れ下がる。ここではヒダのあるキノコに絞って話しているが、ヒダのないキノコは傘の下の帯状隆起や、または針の上や管孔の内表面などに胞子を作る組織を持ち、あるものは小さなサンゴのような子実体を作って、表面に胞子を露出させている。スッポンタケやカゴタケの仲間は、キノコの頭やかごの桟に悪臭を出して昆虫を惹きつける、粘液状の胞子をつけている。ホコリタケやツチグリの仲間は、複雑な内部構造を持った袋の中に胞子を作り、チャダイゴケやタマハジキタケの仲間は、小型のホコリタケに似た胞子の塊を作る。このように驚くほど幅広い形態の変異があるにもかかわらず、すべての子実体は菌糸がもつれた原基から始まって、水圧によって急速展開するのだ。ただし、残念ながら、この驚異的な成長過程がどのようにして始まるのか、そのきっかけとなる環境条件については、ほとんど何も知られていない。

温度と雨量は、キノコの発生に影響を与える、最も目につきやすい要因である。寒い冬の最中よりも、雨が降った後にキノコが発生することは、経験的にもよく知られている。しかし、雨プラス暖かさイコール子実体形成といえるほど単純なものではない。九月の雨の降る日の朝に森の中でヒダを広げるキノ

(a)　(b)

図 1.7　キノコのツボとツバのでき方

(a) タマゴテングタケ（*Amanita phalloides*）の成長。キノコ全体を包んでいた外被膜が裂けて、ツボ（ボルバ）ができるところ。R. D. de la Riviére, *Le Poison des Amanites Mortelles*（Paris: Masson, 1933）から引用。

(b) シロモリノカサ（*Agaricus silvicola*）のだらりと垂れた大きなツバ。内被膜として覆っていたヒダの下にぶら下がっている。著者撮影。

コが、同じ日に何マイルも離れた農場の真ん中にある木立にも出てくることがある。この正確な日程表は、多くの種について特異的である。菌根菌や寄生菌などのことだが、菌糸体が樹木の根についているキノコの場合、その子実体ができるタイミングは、ある程度宿主の生理的条件に左右されるかもしれない。ただし、木材の上でキノコを作る種については、広い地域にわたって、毎年決まって一週間の間に発生している。このことは、子実体形成が湿度によって促進されるだけでなく、ある範囲の土壌温度や日長、温帯では落葉によって供給される栄養物の動きなど、ほかの多くの変動要因がそろった時にだけ、可能になることを暗示している。

コロニーとキノコ

キノコのコロニーは複雑な栄養要求性を持っている。窒素は菌類が好む多様な栄養素の中でも、たとえば木材の中では一〇〇分の一から一〇〇〇分の一以下といったように、供給量がきわめて少ない。試算すると、一キログラムの硬質菌は、毎年胞子を作り続けるために、一四キログラムの材木から窒素の全量をまかなう必要がある。こうしてみると、なぜある種の菌がキノコを作る前に、大面積に広がらなければならないのか、よくわかるだろう。何百年といわず、何千年もの間生き続けるコロニーは、森林土壌の中に健全な栄養菌糸体を保ち続けながら、その得たもののいくらかを撒き散らし、毎年胞子の生産への投資に見合う切り詰めた暮らし方をしているのである。これとまったく異なった生き方は、湯気が出ているゾウの糞の上で、生まれたり死んだりしている糞生菌の場合である。しばらくはうまくいくが、そのうち余りものを浄化する甲虫類だらけの塊の中のカロリーは消えてしまい、同じ場所に新しいお届け物が来ることはありえない。コロニーがそれぞれ、糞から糞へ移動することはできないのだから、未来に遺伝子を伝える唯一の方法は、胞子を袋に詰めて風に乗せて飛ばすことである。だから、このコロニーが、持っているものをできるだけ多く胞子に託して、新しい糞を探すためにばらまくというのは、理にかなったことだといえる。

この菌は希望に満ちた両親にも似て、朝早く子供にお弁当を持たせて、果てしない未知の世界に送りだす。しかし……子供たちは二度と帰らず、母親は日の入り前にしぼんでしまうのだ。「おぉ、ダーウィン先生よ、あなたはなんといじわるなのか」。この比喩にまつわる問題点は、動物について考える場合、個体の概念はきわめて明瞭だが、菌類の場合はひどくわかりにくいというところにある。ケープコッドの沖合に泳いでいる大きなものはクジラで、肘掛け椅子でいびきをかいている、もう一つの大きなものは教授なのだ。菌類の場合、キノコは地下にコロニーを広げている微生物の、眼に見えるほんの一部分にすぎない。菌類で個体というのは、コロニーとキノコ全体なのである。いろんな点でコロニーを見つけて、遺伝子を増幅して菌糸の同一性を調べ、個体（コロニー）の大きさを測定することはできるが、森林にいるどれほどのコロニーがキノコの形で地表に出ているのか、それはわからない。菌類を培養すると、この仕事はずっと楽になる。要するに、コロニーの離れた部分から、子実体が出る位置に向けて栄養物を動かすことで、コロニーのほとんどが子実体になって地表に出てくるというわけなのだ。

キノコが告げる温暖化

スイスでの調査によると、一九四種の菌が作ったキノコの数は降雨量によってピークを迎え、七、八月の温度が低いとキノコシーズンの開始が早まったという。[註24] キノコの出方を詳しく時系列でみた調査によると、菌類の発生カレンダーはここ数十年の間で変わってきているという。ラッシュ・リンボー（訳

註：保守的な発言で知られるラジオ・パーソナリティ）は、「えせ科学者のヒステリックな声はあるが、地球温暖化のせいだと信じるだけの理由はない」[註25]という。しかし、キノコによると、別の見方ができる。たとえば、イングランド南部で採集された多数のキノコの発生記録を見ると、秋のキノコシーズンの長さが、一九五〇年代以降倍になったという。[註26]この場合、菌の動きは八月の暖かさと一〇月の雨の多さに関係があったといえる。ノルウェーでは、発生時期が過去六〇年間に平均して二週間遅くなり、特に秋と冬の気候が温暖な場合は、その年と次の年の発生期間が延びたという。イングランドでの見かけの期間延長やスカンジナビアでの期間短縮の理由は不明だが、このような菌類の増殖に対する劇的な影響も、気候変動を予測する数多くの指標の中に加えられ始めている。おそらく、秋のキノコ発生期間よりも不安なのは、ある種のものが春だけでなく、秋にもキノコを作り始めているという事実である。その影響は木材腐朽性担子菌で最も顕著に現れているが、これは分解が加速されていることを意味する。このような変化がもたらす生態学的影響は、かなり深刻だと思われる。ただし、リンボー氏とその一派による「気候変動説はでたらめ」という意見も、承知していなければならないのだ。

迷信や希望的観測をあてにして、合理性を放棄することは、人類の変わらない特質だといえるが、我々は複雑な質問に対して単純な答えを探し、単なる思い付きで魔女や幽霊や神などを見つけてその気になる、騙されやすい動物なのだ。したがって、キノコが何百年もの間オカルトと結びついていたのも、驚くにはあたらない。一握りの幻覚作用を持ったキノコが人の信仰心を誘い（第7章）、有毒キノコが民間伝承の中で評判を落としたが（第6章）、その気まぐれな出方や速い伸び方が、超自然的なものとのつながりを思い起こさせたのは確かだろう。私は別に超自然的なものに惹かれているわけではないが、露のおりた草地に現れた新鮮なキノコのリングを見たり、森の表土を持ち上げてにょっきり出てきた巨大なヤマドリタケや、その年初めて出てきたマスタケ（*Laetiporus sulphureus*）の鮮やかな朱色の傘の輝きを腐った丸太の間で見つけたりすると、畏敬の念を抱き、時に圧倒されるほどである。これは霊性を持っている証拠というより、むしろ滑稽な感受性のせいなのだが、まぁ、どれでも同じことだろう。私は何度も、自分が苔むした、緑したたるエデンの園のような魔法の庭に立っている夢を見たが、そこではちょっと考えるだけで、あっという間にキノコが顔を出す。

また、核爆弾によるホロコーストの悪夢を見たこともあったが、その時は、キノコ雲が意識にない水平線上に轟音をたててかぶさり、驚くにはあたらないが、生きているキノコに似たものになり、そびえたつキノコの傘の下で、この世の終わりが幻の採集会に変わってしまった。そのコロニーは、いわばトンネルを通り抜けるように、私の脳を通り抜けていったのだ。私は、昆虫学者やコケ学者など、学者といわれる連中が、同じように多様な生物界のほんの一部に熱中するのを知っているが、菌の世界にはほかの生物が置かれているのと少し違った、風変わりな何かがあるように思える。菌学は、たとえば天文学や野鳥観察に比べると、とりつかれることがまれな分野だが、それでも何千人もの愛好者がおり、キノコの香りにあふれた森が、その人たちにとって、まさに大聖堂になることを私は願っている。妖精や精霊を捨てて魔法を消し去ることより、むしろこの科学的な『unweaving the rainbow（虹をほどく）』（訳註：リチャード・ドーキンスが一九九八年に芸術と科学の関係を論じた本の題名）ことのほうが、自然の傑作ともいえるキノコを、輝かせることにつながるのである。本書はそのためのものなのだ。

第2章　ヒダの運動——キノコが胞子を飛ばす見事な仕掛け

ハラタケとマッシュルーム

朝食は多くの人にとって夢物語、いわば、運がよければ退職後に与えられるかもしれない幸運である。ほとんどの人は走っている車を止めて、通りに残った二酸化炭素の中を抜けて、スターバックスへ駆け込んでいるのだ。別の時代を想像してみよう。そのころは泥んこの庭を通って門をくぐり、新鮮な野生のハラタケを、かご一杯集めに牧草地へ出かけるところから朝が始まった。それから、薪ストーブの上にかけておいたポットのお湯を注いでコーヒーを入れる。今日もくたびれた農夫にミルク入りコーヒーが用意されるというわけである。ハラタケは露に濡れた草の上にフェアリーリングを描いて輝き、太った茎と白い傘が、細いスポークをつけた車輪のようなチョコレート色のヒダを支える。土をはらってきれいにし、切ってベーコンと一緒に炒める。朝食が終わると、また骨の折れる農作業が続き、鎌で大怪我をしたり、尻にできものができたりして、ひと月もしないうちに墓に入ってしまうかもしれないのだ。つくづく、二一世紀に生まれてきて、よかったと思う。とはいえ、こんなキノコを一口食べてみたいとも思うのだが。

ハラタケ（*Agaricus campestris*）の子実体は、子供のころはイングランドの田舎でごく普通に見られたが、今では珍しいものになってしまった。おそらく、化学肥料の使い過ぎか、たぶんもっと深刻な気候変動に関係した、何かが働いているのだろう。この牧草地の贈り物も、間もなく絶滅危惧種のリストに載るかもしれないが、その従兄弟の白い栽培種、マッシュルーム（*Agaricus bisporus*）（訳註：和名はツクリタケだが、マッシュルームのほうが一般によく知られているので、以下マッシュルームとする）は間違いなく大繁栄している。丸のままあるいはカットされ、生あるいは缶詰にされ、いずれにしろこのキノコは世界中に広まっている。この雪のように真っ白な栽培種は、自然の気まぐれの産物で、ヒダがいかれたために、胞子の生産量が野生のものの半分になってしまった、突然変異種なのである。胞子を作って撒き散らす仕事場となっている牧草地の中では、突然変異した変わりものであるため、あぶれものになってしまったらしい。ただし、八百屋の店先では商品としてうまくやっているようだ。アメリカだけでも、年間何十万トンものマッシュルームが栽培されているという。ほかの農作物同様、このキノコも外へ出すと弱いが、栽培舎の中ではチャンピオンなのである。

これに比べると、野生のハラタケは実にいい仕事をしている。たった一本の子実体が一日二七億個、一秒当たり三万一〇〇〇個もの小さな胞子を撒き散らしているのだ。しかし、ハラタケでもほかのどのキノコでも、近づいてよく見ても、何かしているようには思えない。それは、まったく動かない置物のように見える。地面から出てくるときは目立ったかもしれないが、今はただ突っ立っているだけだ。このキノコは陽が昇ると立ち上がり、露が飛んでしまうと、先に話した農夫がありついた朝食用に、摘み取られるのを待っているだけなのだ。まったくなんの動きもないと、前世紀まではそう思われていた。しかし、顕微鏡が使えるようになると、キノコのヒダはオリンピックの体操競技を思わせるほど、生き生きとしてきたのである。

ブラーのしずく

複雑なキノコの動きを解き明かし始めたのは、アーサー・レジナルド・ブラー（一八七四―一九四四）というイギリス紳士だった。ブラーは、後にも先にも競う相手のない、歴史上最も偉大な菌学者で、この分野のアインシュタインともいえるほどである。アインシュタインは二六歳になった一九〇五年、いわゆる奇跡の年に自分の最も大きな業績を発表したが、多くの生物学者同様、ブラーの研究活動がピークに達したのは、かなり後のことだった。その『Researches on Fungi（菌類の研究）』第一巻は、「爆発的な活動の一〇年」が始まる一九〇九年、中年に差しかかった三五歳の時に出版された。[註1] 後に六巻がこれに続いて出され、残り一巻は死後に出版された。また、公表されなかったアイデアなどの雑録は、キュー王立植物園の図書館に保管されているノートブックの中に眠っている。ブラーはイングランドのバーミンガムに生まれ、一九〇四年、マニトバ大学に理学部が作られるとき、設立委員の一人としてカナダに移住した。そこで、彼はキノコが胞子を飛ばすメカニズムに取り組むことになった。

胞子は垂直のヒダの表面に対して水平方向に突き出ている、担子器という細胞の上にできる。担子器についている胞子の様子は、どのキノコからでも、ヒダを切り取ってスライドグラスの上に平らに置き、乾かないようにカバーグラスをかぶせて顕微鏡で見ると、ごく簡単に見ることができる。低倍率でも、四つの胞子がついている状態がよくわかる。この簡単な観察は、一七世紀にミケーリによってなされ、その革命的な著書『Nova Plantarum Genera（新しい植物類）』に載せられた（図2.1[註2]）。ミケーリは多くの菌類を同定して名前を付け、キノコの発生について熱心に実験し、ルイ・パスツールよりも一世紀も前に、一〇〇〇年以上信じられていた自然発生説を否定した。キノコの胞子は一つの担子器につき四個できるが、これは二つの核が融合する交配が担子器の基部で進み、減数分裂によって分かれるからであ

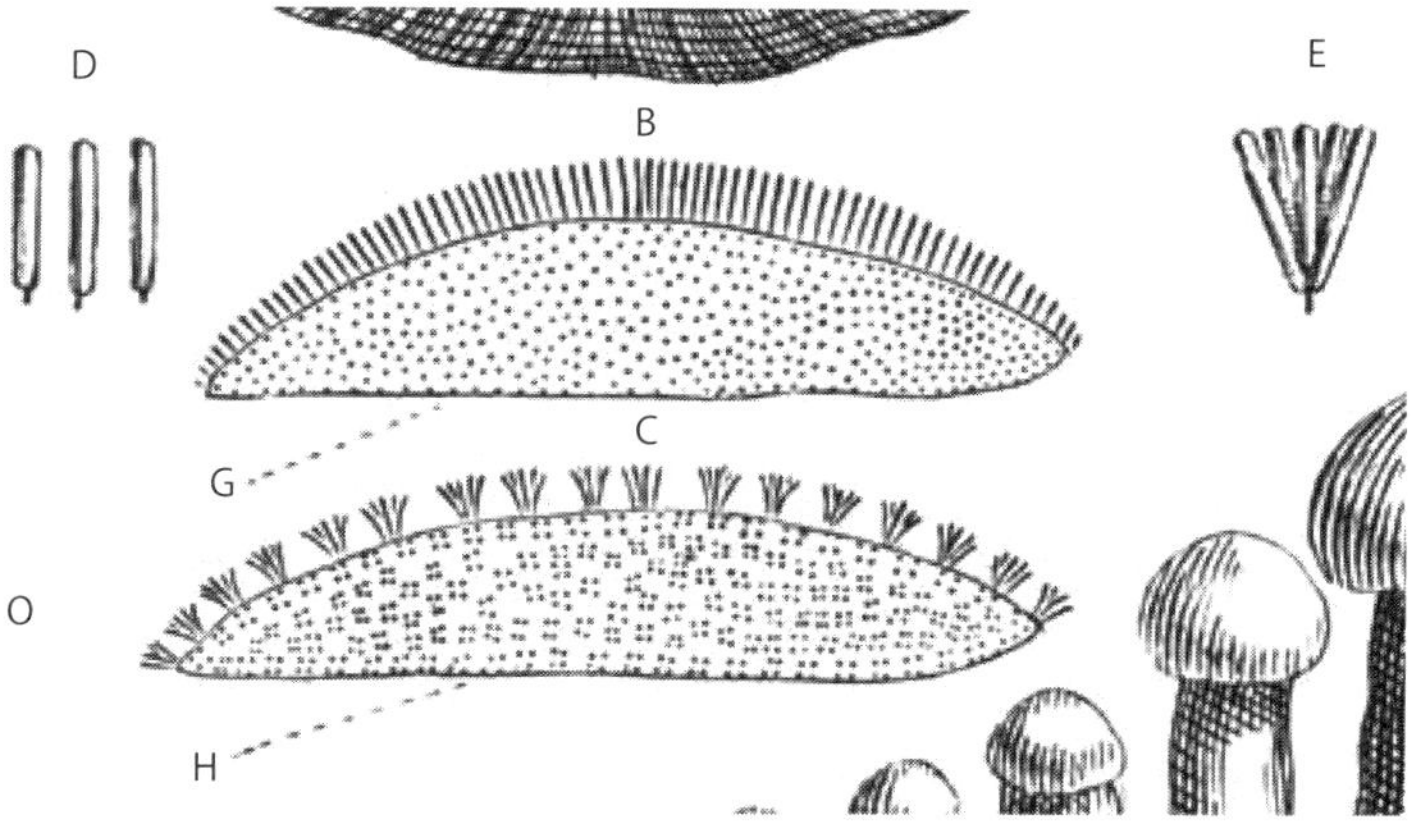

図 2.1　ミケーリが描いた『Nova Plantarum Genera（新しい植物類）』（Florence: Bernardi Paperinii, 1729）の図版 73 の一部

ヒダの表面で 4 個の胞子がまとまってついている様子を示している（H)。ヒダの端についている房のようなものは、横から見た胞子か、毛のようなものなど、見方はいろいろである。ミケーリが発見した胞子のつき方は、1 世紀にわたって無視され、その間菌学者たちはいい加減な観察に基づく、でたらめな図を発表し続けていた。

る（図1.3参照）。減数分裂で一揃いの染色体を持った四つの核ができて、その核がそれぞれ一個の胞子の中に取り込まれる。胞子は担子器から突き出たステリグマ（小柄《しょうへい》）という、とんがった軸の上に乗っている（図2.2）。

ミケーリから二〇〇年たって、ブラーは同じ方法を用いて胞子を見たが、彼は特別にあつらえた箱の中で、キノコのヒダから胞子が落ちる様子を観察した。特注した水平にして見る顕微鏡を用いて、胞子が担子器から消えるのを観察しているとき、焦点からゆっくりそれる前に少し離れたところでほかのものが、ヒダを越えて視野に入ってくるのが見えた。まだ知られていない仕掛けによって、無数の胞子がヒダの表面から撃ち出されていたが、胞子の動きがあまりにも速かったので、発射されたという唯一の証拠は、消えたということだけだった。ブラーが見つけた重要な点は、胞子が消える数秒前にその基部に小さな水滴ができるという事実だった（図2.2）。彼はこれを「水滴」と称したが、今は「ブラーのしずく（射出液）」と呼ばれている。ブラーは自分の見たものが重要だとは思ったが、その理由を語ることはなかった。この水滴を出すことが、胞子射出メカニズムの要《かなめ》となっているのである。

胞子の射出

射出液の動きは、最近高速度ビデオカメラを使って、詳細に研究されている。[註3] ほとんどの長編特撮映画は、秒速二四枚の画像で撮られているが、胞子の動きを研究するには、それでも間に合わない。菌類の胞子射出のメカニズムや、そのほかの微細な動きは、重力による落下よりも速く、一秒当たり二五万コマか、それ以上の画像をとらえるカメラが必要なのである。

私から見ると、最新世代の超高速カメラはまったく奇跡のように思える。それは何時間もまわり続け

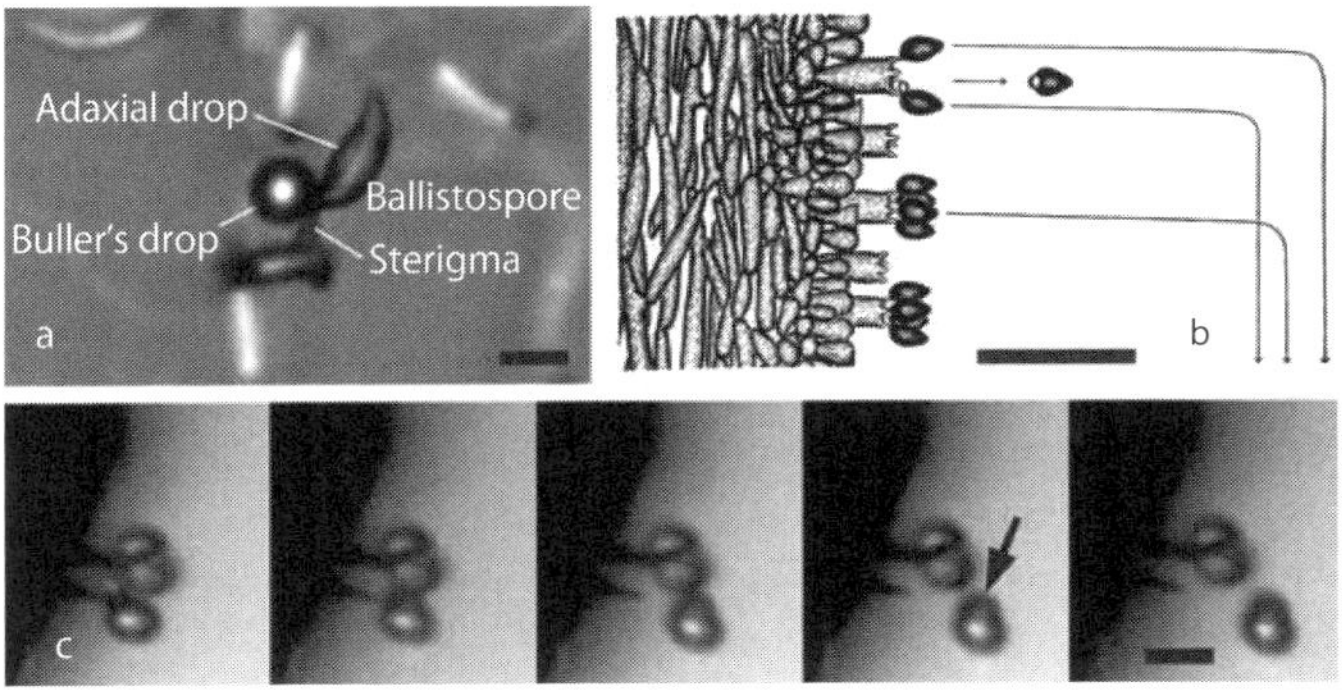

図 2.2　担子菌類の胞子射出過程

(a) 小柄の上に乗ったなまぐさ黒穂病菌（*Tilletia caries*）の胞子と射出液と発射数秒前の腹側水滴。

(b) 1909 年にブラーが描いたキノコのヒダから発射された胞子の予想軌道。発射に力を与える水滴が、一番上の担子器についた胞子の根元に見え、また飛び出した胞子にもついている。

(c) ナラタケモドキ（*Armillaria Tabescens*）のヒダから飛び出す胞子を記録した、高速度ビデオカメラで連続撮影した画像。1 秒間に 50,000 コマ撮られている。矢印の射出液は飛び出した胞子に運ばれている。a と c のスケールは 10 マイクロメーター、b は 50 マイクロメーターである。

J. L. Stolze-Rybczynski et al., PloS ONE 4 (1): e4163 doi: 10. 1371/journal. pone. 0004163 (2009)

て数秒間に膨大な数の画像を取り込み、連続的にカメラのメモリーにあるバッファーを空にできるのに、それでも壊れない。撮影者がカメラを止めると、小さなファイルの保管庫（一秒当たり二五万コマとすると、画像の数は四秒で一〇〇万になる）があって、コンピューターにダウンロードできるというわけだ。胞子の射出が非常に速いため、このようなファイルの大部分は面白くもないので、九九万九九五〇以上は削除できる。幸い、干し草の中の針ともいえる、動きを見せてくれる数コマは、コンピューターを使うとたやすく押さえることができる。ところが、本当の難しさは菌の扱いにある。森から野生のキノコを採集して実験室で培養したり、キノコが胞子を射出する時期を見極めたり、顕微鏡の明るい照明の下で胞子を飛ばす環境を整えたりと、大変手間がかかる。要するに、演出家の腕前次第なのである。

ヒダから放出される胞子の高速度写真を見ると、射出液は湿った胞子の表面にはりついており、その位置が胞子の根元から先端へと移るのがわかる。この射出液の移動は一〇〇万分の一秒の間に起こり、胞子は台座（小柄）からはじかれて空中へ飛び出す（図2.2）。射出液が動くわけは、しごく簡単で、この水滴は胞子を取り巻く湿った空気が凝縮されてできたものである。ヒダの間の空気は、キノコの組織からくる水が常に蒸散し続けているので、いつも湿っている。水はキノコの表面全体から蒸散するが、特に胞子の基部、つまりくちばし状突起という小さな突起に集まる（図2.3）。マンニトールなどの糖類が胞子の突起から滲み出して、空気中から水の分子を強力に取り込み、しずくを大きくするというわけである。いったん始まると、水滴はどんどん大きくなって、数秒間で限界の大きさに達し、その丸い表面が胞子の表面にできた腹側水滴という、もう一つの水滴にくっつく。すると、射出液は腹側水滴に流れ込み、この合体によって表面張力が下がる。これは、ちょうど窓ガラスについた雨滴が、接触するとすぐくっついてしまうのに似ている。図2.3の模式図には、その動きが描かれている。なぜ、このような

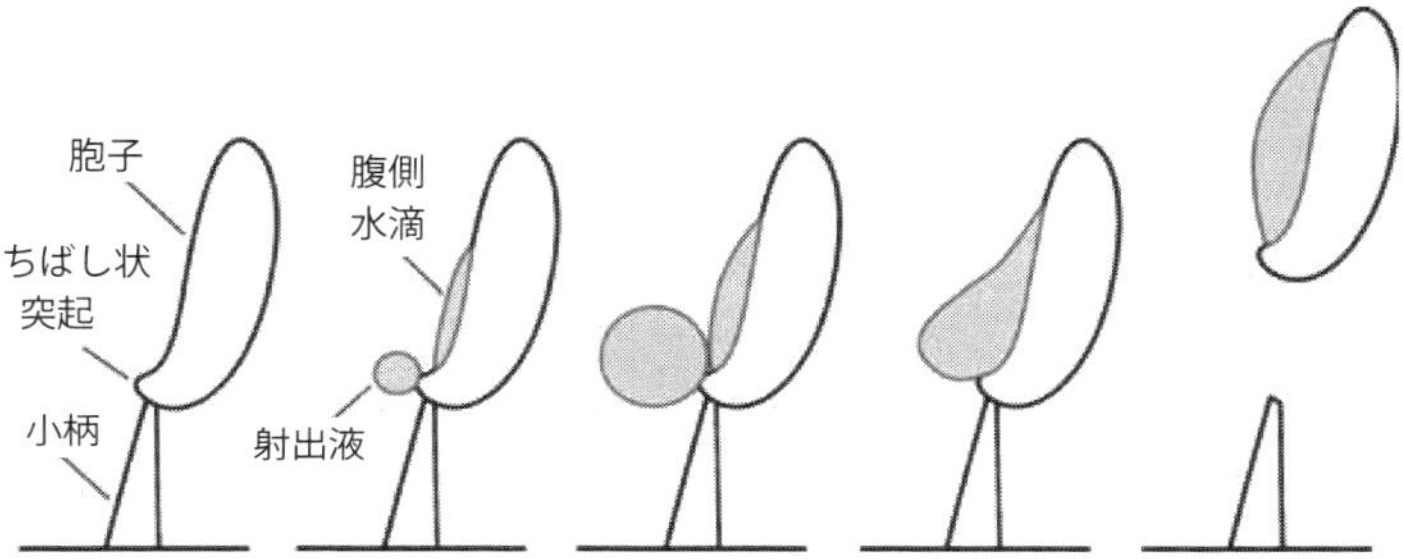

図 2.3　胞子射出の過程を描いた模式図
胞子の表面に水が溜まって射出液と腹側水滴が作られ、それが合体して急速に胞子の真ん中に移動し、発射の原動力になる。
J. L. Stolze–Rybczynski et al., PloS ONE 4（1）: e4163 doi: 10. 1371/journal. pone. 0004163（2009）

胞子射出が湿った環境に限って生じるのか、この水滴形成を見ればよくわかるだろう。

胞子が飛び出す速度

水滴の動きによって、秒速約一メートル、時速三・六キロメートルの速度で胞子が発射される。もちろん、この速度はどこかへ出かける人がのんびり歩く速さに比べても、かなり遅い。しかし、顕微鏡サイズの粒子としてみれば、この速度はむしろ感動的といえるほどである。というのは、もし胞子がこの速度を一秒間保っていたとしたら、自分の大きさの一〇万倍に等しい距離を旅することになるからである。人がこれに対応する速度で動くと、音速の五〇〇倍で驀進《ばくしん》することになるのだ。[註4]菌の胞子がこのような高速度で撃ち出されるわけは、空気がこの小さな物体の移動に対して、きわめて強い粘性を持った障害物になるからである。もし、胞子がもっと遅い速度で発射されたら、ヒダからほとんど離れられないだろう。この速度に達するためには、たとえ何百万分の一秒だったとしても、胞子は驚くほど加速されて発射されているはずである。水滴の動きは、何千から何百万倍もの加速度で、キノコの胞子を小柄から飛び出させているのだ。このような強い加速は、発射の瞬発性によるものである。滑走路を転がしながら速度を徐々に上げて離陸する飛行機や、轟音を立てて発射台から飛び上がるロケットと違って、菌の胞子は小柄の上に静かに乗っかり、一〇〇万分の一秒後には最大速度で空中を移動する。私がかつて体験した最も速い発進速度は車の場合だが、それは五・一秒で〇から六〇マイル（時速九六・六キロメートル）、加速重力は〇・五三gだった。その時はまるでジェームズ・ボンドか、少なくとも彼の学者風の毛の薄い兄弟になった気分だったが、キノコは私がシュッと飛ぶのを見て笑っていたことだろう。私を馬鹿にする菌が、きっと認めることになるのは（私のセラピストによれば）、菌の粗っぽい胞子の発射も、また屈辱的な減速の見本だということである。胞子は動き出すと、すぐ空気抵抗にあって速度が落ち、ヒダから胞子数個分の所で足踏みする。胞子の飛行は空気の粘性に完全に支配され、禿げ頭のボンド先生が運転する黒いBMWに比べると、慣性による動きは無視してもよいほどである。キノコの胞子が極微小で、しかも空気中の気体分子の濃いスープに捕われていることを考えると、胞子の動きに対する大きな障害と、過去五億年ほどの間に進化した、優美な発射の仕掛けを理解することができるだろう。

キノコのヒダの両面は担子器で覆われ、そこから胞子が飛ぶ。ブラーが水平式の顕微鏡を使って、胞子の射出を観察したとき、彼は胞子が相対するヒダの間の真ん中あたりで、いったん空中に停止することに気づいた。この制限つきの飛び方は、空間の反対側にあるヒダに胞子がぶち当たらないように、止めるという点で大変重要なのだ。もし、キノコの胞子が飛ぶのを抑えるのと同じ強さで、空気の粘性が野球のボールに働いたとしたら、投球されたボールは腕の長さ分だけ動くと遅くなり、完全に止まってグラウンドに落ちるだろう。私にはこのボールの飛び方が、ワイリー・コヨーテの撃つ鉄砲の弾道（訳

註：ワイリー・コヨーテはアメリカのアニメキャラクターで、俊足の鳥ロードランナーをあの手この手で捕食しようとしては失敗するさまがコミカルに描かれる）のように思える。コヨーテにとっては悲劇的なことも、キノコには都合が良い。というのは、キノコは密に接近しているヒダから大量の胞子を撃ち出すが、すぐにその動きが止まって、ヒダの間を抜けてきれいに落ちることができるからである。これを学術用語としていうなら、「きわめて優れた」メカニズムということになるだろう。

胞子の水平飛行時間は、ほんの一〇〇〇分の数秒にしかならないが、ヒダの間を抜けて、キノコの傘の下を通り、空気の流れに乗るまでには、少なくとも一、二秒かかっている。いうなれば、ハラタケのヒダの上で毎秒何万ものしずくが動いて、微細な胞子の雲が傘からなだれ落ちているというわけである。この膨大な量の胞子射出は、通常日光のもとでは見えないが、夜活動しているキノコの傘の下に、懐中電灯かレーザーポインターの光を当てると、はっきりと見ることができる。この効果は見事なもので、玉虫色の塵の吹雪が光の筋を縫ってなだれ落ち、視界から消える直前に一つ一つの胞子が一瞬きらりと輝く。

菌のコロニーは、キノコを作って独特の形と大きさを持った大量の胞子を生産するのに、膨大なエネルギーを使うが、胞子の射出過程は感心するほど倹約されている。胞子射出というこの仕掛けは、見事に単純かつ経済的なのだ。それは単に水を集めることと、液滴になる受け身的な動きだけに依存しており、代謝についての投資は、水滴の形成を決める胞子表面における糖類の分泌だけなのである。三万種の担子菌類のほとんどが、この戦略を採用しているのだが、この胞子射出のメカニズムは、ほかの菌類には見られないので、担子菌類の先祖の時代に進化したと考えられている。[註5]

担子菌における胞子射出の進化

いつキノコの仲間が進化し始めたのか、誰にもわからないが、ある程度は既知のことから推測することができる。九四〇〇万年前、白亜紀後期の琥珀の中に、きれいに保存されたキノコが発見されているが、より古い担子菌と思われる化石は、三億年前までさかのぼるとされている。[註6] 最も古い化石は、担子菌の特徴（第1章参照）である、クランプコネクション（かすがい連結）という構造を持った菌糸の破片である。このグループの起源を示す遺伝的証拠は、約六億年前の先カンブリア紀の終わりまでさかのぼるという。最初の担子菌類は、おそらく発生学的に見ると、きわめて単純なものだったと思われる。それはどのような形の子実体も作らず、出芽酵母か糸状菌糸のコロニーのように成長し、直接太古の空へ胞子を飛ばしていたらしい。ここで、少しだけこの仮説の根拠を考えてみるのも悪くないだろう。というのは、単純なものが複雑なものを生むという結論に飛躍したり、ベニテングタケが傲慢な人類に立ち向かうのは、避けられない進歩だという考えに飛びついたりすることは、たやすいからである。しかし、担子菌類の場合は一人前になったキノコよりも、むしろ酵母のような単純な祖先のほうが、よほどわかりやすい。現在酵母として成長している担子菌を見れば、胞子を発射するのに液滴の形成を必要としない、いくつかの種が見つかるはずである。それらは人に感染したり（時には殺すほど）、メープルシロップの中に生えたり、フケまで作ったりするなど、あらゆる方法で菌害をひきおこしている。おそらく、これらの単純な菌は、この手品を一度も使ったことのない祖先から進化したと思われるが、長い間に絶滅した酵母群のどこかで、液滴を使って胞子を飛ばす仕掛けを発達させる種になったのだろう。最もしぶとい微生物だったこの種は、後世に遺伝子を残し、その証拠として胞子射出の妙技を、サビキンやクロボキンさらには二一世紀のキノコにまで伝えたのである。

担子菌類の多様化は、オルドビス紀に陸上植物が分化し始めたことと、おそらく歩調を合わせていたと思われる。共進化は菌類が餌を必要としたことから始まったらしく、植物は最初の寄生菌には生きた組織を通じて、また腐生菌にはその遺体を通して、餌を与え続けてきたのである。また、菌類は植物を食べる無脊椎動物の腸管にも入って成長するようになった。もう一つ、最初の担子菌は「スス病菌」といわれるグループの菌がやっているように、植物組織から分泌される糖類をとっていた可能性も高い。

キノコのように胞子を飛ばす酵母は、研究者にとって有難いものの一つなのである。というのも、それが、シャーレに入った培地上の光る表面から、ヒダもないのにそのまま胞子を発射するからである。キノコのように担子器ごとに四個の胞子を作るのではなく、酵母の胞子射出細胞は一個の胞子を撃ち出す。それにもかかわらず、これらの酵母は二、三日でシャーレいっぱいに広がり、何十億個もの胞子で蓋を曇らせるのである。もし、出芽酵母を寒天培地の上で目に見える形、たとえば文字にして並べたとしたら、その文字のコピーが飛ばされた胞子の形で蓋にくっつくだろう。この現象には「ミラーイースト」という名が与えられている。この酵母は自然状態でも胞子を直接空中に撃ち出すが、それは培地の上とまったく同じやり方である。この仲間は非射出型酵母と同じように、湿った葉や花弁、野生のキノコ、ケーキやキャンディーを作る器具の表面、さらに免疫抵抗が衰えた人間の組織など、実に様々なものにとりついて育つ。湿った空気に曝されるといつでも胞子を作り、射出液を作る水蒸気をとらえ、空中に向かって自分から飛び出す。相手もなしに胞子を形成することができる、その驚くべき多産性と見境のない餌のとり方をみれば、なぜ胞子がどこにでもいるのか、そのわけがよくわかる。ただし、地球上のどこでも空中からサンプルを採るのは難しく、見つからないのだが。

穀類作物など多くの植物に、ひどい害を与えるサビキンやクロボキンについても、ほぼ同じことがいえる。これらの仲間はどのような種類のキノコも作らず、「ミラーイースト」のように胞子を飛ばす（図2.2ⓐ）。ブラーはサビキンやクロボキンの液滴を調べ、進化の上で近いキノコについて、すでに述べていたのと同じ仕掛けがあることを認めた。

噴出銃とパッフィング

サビキンやクロボキン同様、酵母ではこの仕掛けを使って胞子を〇・五から一・五ミリメートル離れたところへ飛ばし、コロニーの真上にある静止した空気の境界層を、胞子が抜けられるようになっている。これが液滴の動きで発射できる最長距離である。菌類の中で進化したほかの胞子射出過程に比べると、液滴の仕掛けでは、さほど遠くまで胞子を飛ばせない。飛行最長距離は、圧力がかかる噴出銃で出ているが、それは胞子が詰まった胞子嚢と呼ばれているボールを、二メートル以上離れたところまで撃ち出すことができる。この手の噴出銃は接合菌や子嚢菌で進化したが、これは菌界の中で最も劇的な動きだといえる。[註7] 最長飛行距離を出す噴出銃は、草食動物の糞に生える、ミズタマカビ属（*Pilobolus*）で見つかっている。この菌は草の葉にへばりついて、ウシやゾウなどの草食獣に飲み込まれるまで、この素晴らしい立ち食い食堂でじっと待っている。動物が消化した植物遺体を落とすと、この菌は新鮮な空気に触れて急増殖し、糞の中の含水炭素を食べて、日光に向かって透明な軸を突き出し、何百万もの胞子を作る。ほとんどの草食動物は、自分たちの排泄物から少し離れたところにある草を好んで食べるが（これは、なかなか理にかなっている）、なぜミズタマカビでこのような素晴らしい射出方法が進化したのか、これでうまく説明できるだろう。この過程を撮った高速ビデオモンタージュは、私の学生がヴェルディ作曲の「イル・トロヴァトーレ」からとった「アンヴィル・コーラス（鍛治屋の合唱）」に合わせて、YouTubeに投稿したところ、サイバースペースで初めの数か月間に一〇万ものアクセスがあり大量のコメントが寄せられた。

ミズタマカビは例外的な飛行体である。もし、自分が糞の中に暮らしているのでなければ、このような長い飛行距離は、エネルギーの無駄遣いになるかもしれない。だから、ほかの噴出銃は胞子をもっと短く、しばしば数センチメートルか、場合によっては数ミリメートルしか飛ばしていない。この菌は自分が育っている物の表面近くにある、静止した空気を越えて遠くまで飛行し、胞子を運ぶ力のある気流に乗って、さらに遠くまで旅をするという利点を、この射出方法から獲得している。ミケーリは一七二九年に出した本に、噴出銃のとてつもない働きを初めて描いた小さな図を載せた（図2.4）。そこには小さなチャワンタケとその表面から、シャワーのように飛び出す胞子が描かれている。この胞子が一斉に飛び出す「パッフィング（子囊胞子の一斉放出）」は、何千もの子囊という圧力がかかった細胞から、胞子が一斉射撃されて起こる現象である。この子囊はお椀型の子実体の内側に並んでまとまって成熟し、適当な時期に引き金がひかれると、何千、ものによって何十万もの子囊が一斉に胞子を射出するのである。空気の流れが「パッフィング」を促すが、おそらく、それは子囊の上の湿り気を吹き払うからだと思われる。もし、チャワンタケの仲間を森の中で見かけたとき、静かな風がさっと吹き抜ければ、胞子が飛び出すのを見られるかもしれない。また、もし耳がよければ、子囊がはじけるときに出すシューシューという音が聞こえるだろう。成熟した子囊がすべて、まったく同時に胞子を射出することはないが、チャワンタケ属が作る茶色のお椀のような大きな盤菌類の場合は、「パッフィング」が子実体の一方から他方へと広がる。こうなる理由は、お椀の一部で急に射出が起こると、接している子囊が不安定になって発射が始まり、それが次々とお椀全体に波及するというわけである。「パッフィング」はこのドミ

(a)

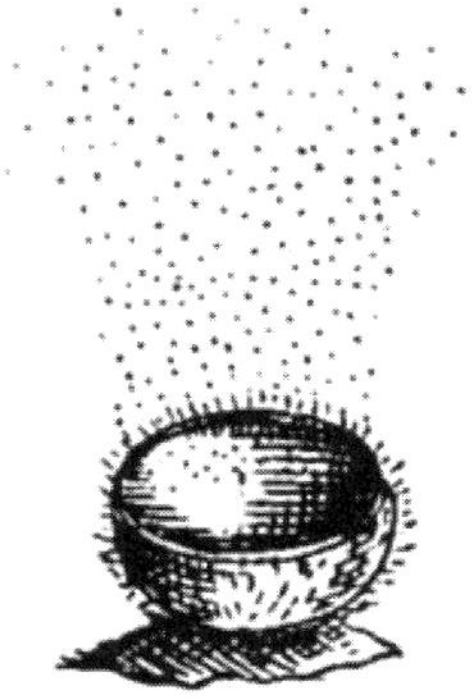

(b)

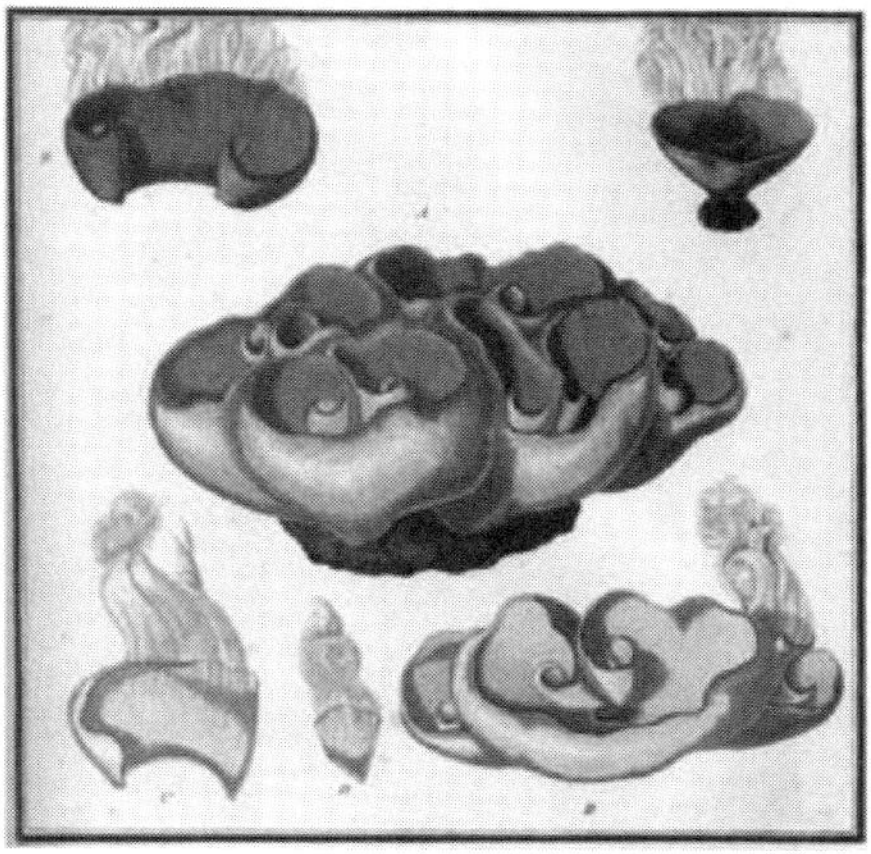

図 2.4　チャワンタケによる子嚢胞子の大量射出、「パッフィング」

（a）ミケーリが *Nova Plantarum Genera*（Florence : Bernardi Paperinii, 1729）に載せた、初めて描かれた「パッフィング」の写生図。

（b）18 世紀にビュリアールが描いた写生図。
Histoire des champignons de la France, ou, Traité él émentaire renfermant dans un ordre méthodique les descriptions et les figures des champignons qui croissent naturellement en France（Paris: Chez L'auteur, Barrois, Belin, Croullebois, Bazan, 1791）

ノ倒し効果で数秒間続く。初めのパッフィングに続いて、さらに子嚢が成熟し、次の一斉射撃に向けてお椀の準備が整う。この方法で胞子を射出する場合は、機械的にみて利点がある。というのは、大量の胞子の動きがお椀の上の空気の円筒に移され、胞子の群れにかかる引っ張る力が弱まって、より遠くへ飛べるようになるからである。[註8]

管孔から飛び出す

射出液のメカニズムでは、これほど見事な演技は不可能で、胞子を遠くまで飛ばすこともできない。しかし、発射距離を一ミリメートルの何分の一かに落とす、巧みな速度調節はきわめて重要で、担子菌類の生き方の奥深さを実感させられる。〇・二ミリメートル幅で隔たったヒダを持っているキノコでは、もし胞子が酵母の場合ほど遠くまで飛んだら、胞子の射出に成功していなかったことだろう。最適飛行距離は、ヒダの表面をクリアーするのに十分な距離だと思われるが、おそらく、それは〇・二ミリメートルよりも短いはずである。ヒダのあるキノコにとって状況が厳しいのと同様、硬質菌の仲間はより厳しい条件に直面している。コフキサルノコシカケ（*Ganoderma applanatum*）という、樹木を殺す問題の菌を図に出しておこう（図2.5）。この褐色のキノコの最大のものは、ごみバケツの蓋ほどの大きさである。怪物のようなこの仲間は、時々木の幹に梯子のように重なって出ている。子実体は毎年下側と外側へ広がり、次々と筋を作って端に向かって薄くなりながら、何十年も成長し続ける。キノコの上面は乾いて硬く、下面は真っ白で無数の孔がぶつぶつとあいている。このくぼみは胞子を作る細い管孔の端にあたる。毎年、キノコは新しい管の層を作るが、それは上面に見えるしわに対応している。キノコを二つに割って、連続した管孔の層を数えると、子実体の年齢を知ることができる。管孔の間の肉は傷を

図 2.5　イングランドのオックスフォードシャーにある古いヨーロッパブナの腐った株に生えていた巨大なコフキサルノコシカケ（*Ganoderma applanatum*）

キノコの白い下側にあるくぼみは、長さ 2 センチメートル、直径 0.1 から 0.2 ミリメートルの管孔につながっている。この管孔の垂直配列は、管孔の内側の表面から飛び出す胞子が脱出するのに重要である。右の模式図にはその様子が描かれ、胞子が飛ぶ方向が矢印で示されている。
A. H. R. Buller, *Researches on Fungi*, vol.2（London: Longmans, Green, 1922）

つけると変色しやすいので、変わった芸術志向を持っている人が自然のエッチング用ボードとして使い、通称「artist's conk（絵描きのサルノコシカケ）」と呼ばれている。年数のたったキノコに刻み付けられた作品の中には、目を見張るほど細密なものもあるが、五〇年生にもなるキノコを木からもぎ取って、サカリのついたシカ（ありふれたテーマ）や一角獣に襲われる法王の絵などを刻み付ける神経には抵抗を感じる。樹上に生えている穢れのない硬質菌を見たら、もう少し何か感じるものがあると思うのだが。このような大きな硬質菌から降ってくる胞子の吹雪は実に素晴らしく、夕方森の中を散歩するのに十分値するといえるほどである。一つの管孔から毎分一〇個の胞子が落ちるが、ノートパソコンの大きさの硬質菌の下側には二〇〇万の管孔があるので、計算すると胞子の放出数は一日当たり三〇〇億個、このキノコが毎年活動していれば、六か月で五兆個以上の胞子を飛ばしていることになる。[註9] 五兆個の胞子は、なんと一キログラムにもなるのだ。

さて、装置の仕掛けを見てみよう。このマンネンタケ属のキノコの胞子は長さ一〇マイクロメートルだが、直径〇・一ミリメートルの細い管の中へ発射される。発射後この胞子はキノコの下側にある孔から外へ逃げ出す前に、二〇ミリメートル、つまり自分の体の二〇〇〇倍もある、長い管の中を落ちていかなければならない。もし、自分がこの胞子だったとして、発射時の加速に耐えて生きていられたら、直径二〇メートルもある大きなパイプに入り、出口にたどり着くまでパイプの中心を通って、四キロメートルも落ちていくことになるのだ。落下は重力によるが、スカイダイバーのように急降下するとしても、たぶん一分はかかるだろう。しかし、もしパイプが少しでも歪んでいたら、きっと壁に衝突してしまうにちがいない。一九六〇年代にグラスゴーの研究者たちが、鉱山の立坑に飛び込むのではなく、水平方向から二五度まで変えられる台の上に、子実体を傾けて置く実験を行った。[註10] その結果、シラカバにつくカンバタケ（*Piptoporus betulinus*）の子実体の位置を変えると、放出された胞子の数が一度の傾斜で三〇パーセント減り、四度になると管孔から放出される胞子が、ほとんどなくなるほどひどいものだった。カンバタケの管孔はコフキサルノコシカケのものよりかなり短いから、マンネンタケ属のキノコの胞子は、たった一〇分の一度傾いただけでも、管孔の内側にたまってしまうのである。当たり前のことだが、この仲間は重力を感知するのに長けており、管孔の発育の仕方はほぼ完璧な直線になるようにコントロールされている。重力に対応する動きは、キノコをつけていた木が地面に倒れたときにはっきり現れる。もし、子実体がつぶれていなければ、硬質菌は管孔の方向を下向きに変更して、新しい管孔の層を作り直す。ほかの種類のキノコの傘の下についているヒダやハリも、同じように微妙な動きを見せるが、多くのものでは間違いを直すのに限界がある。その点でコフキサルノコシカケは、ほんとうにすごい生き物なのだ。

胞子の大きさと射出速度

ほかのキノコの密なヒダと同じように、硬質菌が作る細い管孔は、下面が平らな子実体の場合、胞子を作るための表面積を大きく増加させる。キノコの中には、胞子を作る組織が平らになっているものが多いが、ヒダか管孔か、どちらを持ったキノコが菌類の進化の上で先に出てきたのか、それはわからない。両方とも一度ならず進化したのは確かだろう。もし、純粋に数学的見地から子実体の様々な形を見るなら、ヒダと管孔の形成は、疑いもなく胞子の生産を行うための、きわめて効率的な方法だといえる。直径一〇センチメートルの傘のハラタケは、一二〇〇平方センチメートル以上の表面積のヒダを持っているが、その広さは平らだった場合に比べて一六倍にもなるのだ。これは一本のキノコの茎や傘を作るのに投じられる、莫大な量のエネルギーの最も上手な使い方のように思える。隙間の幅が異なるヒダや大きさの異なる管孔などにとって、適当な伝搬距離に見合う、射出距離はどれほどになるのだろう。これはごく最近まで、まったく謎のままだった。

まず、胞子の大きさについて考えてみよう。胞子の大きさと射出距離には相関関係がある。これは機械的な問題で、もし同じ速度で発射されるなら、空気の粘性によって大きな胞子は小さなものよりも遠くへ飛ぶはずである。粒子が小さくなればなるほど、その動きに対して空気は強いブレーキとして働くことになる。同じ速度で飛ばしたら、豆は夕食のテーブルの向かい側の人の所まで飛んでいくが、注意深く狙いを定めたポークチョップは、鈍くさいウエイトレスが調理場へ逃げ込む前に、部屋の端にいる彼女の所に落ちるだろう。ただし、胞子の大きさがすべてではない。同じように重要な要因は、胞子の大きさに比例した射出液の大きさなのだ。大きな液滴は、小さな液滴よりも常に胞子を遠くへ飛ばすことができるが、それは、液滴の動きが撃ち出されるものの中心を大きく変えるからである（図2.3）。進化の途上で、あらゆる形のキノコに生じたと思われることは、胞子と液滴が子実体の構造に見合っているということである。先にも話したように、空中に直接撃ち出されるサビキンの胞子は大きく、大きな液滴を作り、一ミリメートル以上も飛べるが、ヒダが密なキノコの胞子は小さく、小さな液滴をつけており、さほど遠くへは飛べない。また、細かく枝分かれしたホウキタケのようなキノコの胞子は、ひどく小さく、液滴もことのほか小さい。ホウキタケの仲間のキノコは、枝付き燭台のような形の子実体から全方向に胞子を撃ち出すので、向かいの枝にすぐぶつかってしまう。この仲間はヒダのあるキノコと同じ問題を抱えており、いずれも近距離飛行のほうが有利というわけである。

キノコが射出液の大きさを調整するやり方は、過去二〇〇年間観察されてきたが、分類学者たちは採集して記載し、菌類の新種に名前を付けるだけだったので、誰もそれに目を向けなかった。胞子の大きさと形は、研究者たちが菌類の種を詳細に描くときに使う、多くの基準の中に入っている。キノコを作る担子菌を記載するには、キノコの傘を紙の上に伏せて数時間胞子を出させて採取する。こうすると、ヒダの間から落ちて集まった胞子の筋がスポークを描き、きれいな車輪のような形で現れる。これを胞子紋というが、この方法で見た胞子の色は、鳥類図鑑に卵の殻の色が載っているのと同じように、同定のための特徴として使われている。分類学者たちはさらに一歩進めて、顕微鏡で胞子の大きさを測り、いろんな薬品で染色してその反応を記述し、トゲやイボなどの表面構造に出ている特徴を詳しく調べている。胞子の見かけの特徴は、種間の差異を知るのに役立つだけでなく、互いにまったく異なるように見えるキノコの間の関係を知る手がかりにもなっている。

胞子の形と液滴

ベニタケ目（Russulales）に属しているキノコには、傘の下にヒダを作るものだけでなく、針か管孔を持ったものから、小さな皿状やサンゴ状のものまで、あらゆる形の子実体を作るものが含まれている（巻頭口絵4）。キノコの形や大きさの変異の幅に比べて、胞子がきわめてよく似ていることに驚かされるが、最もきれいなのは、互いに筋状のネットワークでつながったイボや突起物、ハリなどで飾られたものである。胞子に見られる類似性は同時に生じたものではなく、収斂進化によるものとされている。というのは、これらの菌の遺伝子を比較すると、進化上の近縁関係について反論の余地がない、別個の測定値が出てくるからである。ベニタケ属（*Russula*）の胞子の形態は、一九三〇年にリチャード・クローシェイという菌学者が発表した二三〇ページに及ぶ『The Spore Ornamentation of the Russulas

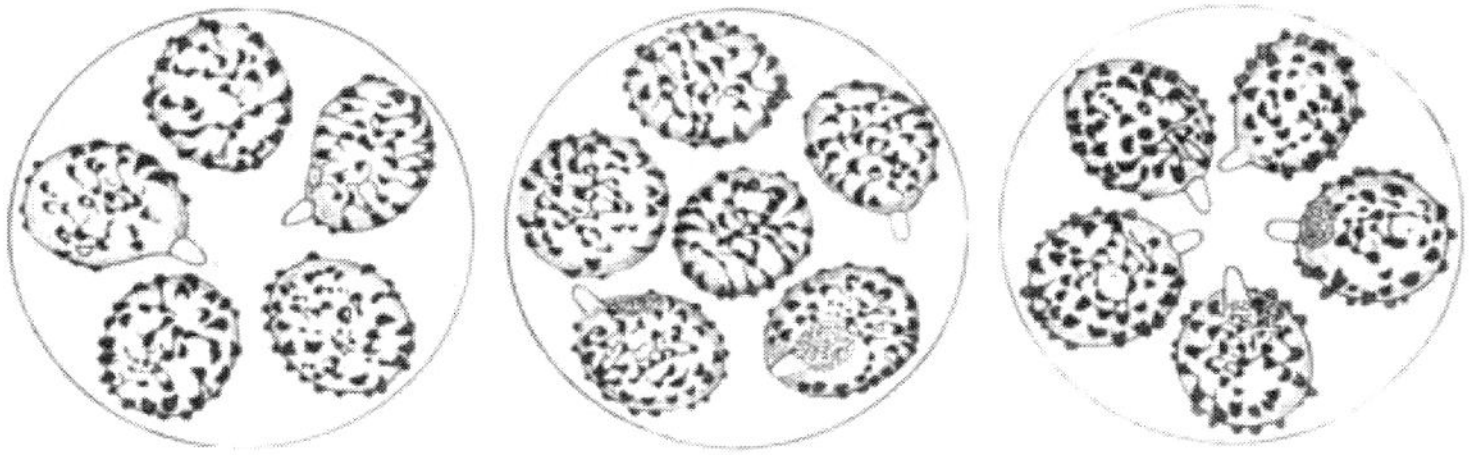

図 2.6　クローシェイが描いたベニタケ属の担子胞子
いくつかの胞子の表面にある、飛び出しているへそのような付属物の近くの変色部分に注意（クローシェイはこれを小さな点々で示している）。この部分は胞子射出前の数秒間、腹側液滴から射出液を離しておく働きをしているのかもしれない。
R. Crawshay, *The Spore Ornamentation of the Russulas*（London: Ballière, Tindall & Cox, 1930）

（ベニタケ属の胞子の模様について）』という本の中で、異常なほど詳細に記載されている（図2.6）。これは、分類学領域のきわめて多くの人の生涯を特徴づけていることなのだが、不思議なほどの情熱に支えられて、認められないままに献身的に働いた人物の一例である。クローシェイが描いた作品は、科学と芸術が重なったようなものといえる。たとえ最後の作品がほんのわずかな人にしか認められなかったとしても、キノコの胞子を細かく研究しながら一生を送ることは、カンバスの上に絵具を広げて過ごすのと、まったく同じほど創造的なものだったと思われる。

ただし、菌類の胞子には芸術的価値以上のものがある。その曲線やしわやイボなどの陰には、それがどのように働くかという多くの情報が隠されているのだ。チャールズ・ダーウィンはこの問題を深く考察し、珪藻類の複雑な殻について植物学者のジョージ・スウェイツと一八六〇年に意見交換したとき、手紙を書いて次のように述べている。

「……たとえば、何百万世代も経た後世になって、人間が顕微鏡を覗いて感嘆するように珪藻が作られたと、君は本当に信じられるのか。私はこのような構造の大部分は、まったく知られていない成長の法則によるもので、部分の単なる繰り返しが我々の眼にとって、美の主要素になっているように思うのだが。ある構造が役に立っているとき（実際ひどく小さな粒子が、しばしば非常に役に立っていることがあるのだが）、私の偏った見方からすると、自然淘汰によってもたらされる相互適応に関する制限を、見ることはできないと思っているのだ[註11]」

珪藻類を菌類の胞子に置き換えてもよい。クローシェイは進化のいい加減な騒音をかき鳴らしていただけなのか、それとも異なった形の胞子は違った働きをしているのだろうか。高速度撮影した映像をよく見ると、胞子の細部構造が発射過程の仕組みに影響しているように思える。胞子の形が非常に重要なのは、粘性による引っ張り強さや射出液にかかわるすべてのことに関しては、ほとんど関係がないからなのである。射出液が腹側液滴と溶け合って発射が起こる直前に、胞子の形が液滴の最大サイズを決めているように思われる。機械的なつながりは込み入っており、胞子のサイズが液滴の大きさを決め、液滴の大きさが発射速度を決定し（大きい液滴イコール速い発射速度）、胞子の大きさに見合った発射速度が空中での飛行距離を決めているようである。もし、これが正しいとすると、クローシェイの貢献も含めて、二世紀にわたる菌学者たちによる記述的研究は、菌類における大進化の詳細な姿を伝えているともいえるだろう。菌の種はある程度胞子の構造の違いによって規定されており、その形の多様さは自然淘汰によって形作られたものなのだ。

胞子がごく小さい場合、また液滴が胞子そのものとほぼ同じ大きさまで育っているときは、胞子の形のわずかな変化が、液滴が胞子の表面に溶け込む原因になっている。胞子の構造と射出液の間のかかわりに関する我々の知見は、きわめて限られており、胞子の構造の詳細については、まったく謎のままである。ある胞子は液滴ができる位置のすぐ上の表面に特殊な斑点を持っている（図2.6）。イボやトゲはこのような斑点から離れているように思えるが、一つ考えられるのは、育ってくる射出液の大きさが限界に達するまで、胞子の残りの部分にある液滴を隔てておく役割をしているらしいという見方である。もう一つは、この斑点が腹側液滴をその場所にとどめているという見方である。ブラーの先駆的な研究から一〇〇年たって、ようやく我々はこれらの細胞の細部構造と胞子発射をコントロールする方法のつながりについて、考え始めたのだ。

キノコの形で決まる胞子射出

胞子の形の進化は、子実体の進化の枠の中で生じたことである。胞子が遠くへ飛びすぎると、その胞子は密生したヒダを持ったキノコから抜け出すことができず、もし胞子が内側にぶつかってしまったら、キノコとその親になるコロニーは運が尽きてしまう。ヒダが互いに密であればあるほど、胞子を生産する表面積は増えるが、胞子の発射距離はどんどん短くなるはずである。胞子を散布するための土台として成功するか否か、子実体の大きさと形が決め手になっているのだ。風洞実験の結果によると、傾斜のきついとがった傘を持ったキノコでは、傘の下の空気の流れが遅くなっている。これは、胞子が飛び出してすぐにヒダの中へ吹き戻されるのを防ぐためかもしれない。また、傘は空気調節器としても働いており、その表面から余剰水分を飛ばして、胞子が形成される表面を冷やしているのである。生理学的な意味で、キノコの冷却作用は射出液の形成に役立ち、胞子の射出を促しているのである。[註12]

液滴の仕掛けは自然にできた技の勝利なのだが、キノコの多くはそれを投げ捨てている。たとえば、ベニタケ目のある種のものはヒダを広げず、トリュフに似た組織を持って、しわのある塊のまま地下で一生を終える。このようなまれな奇形の中にも、液滴の仕掛けはそのまま残っているらしく、この子実体をメスで切り開いて胞子を落とさせれば、たぶん紙の上に汚い胞子紋ができるだろう。このような菌は進化の点から見ると、面白い。というのは、この仲間はトリュフ型に移行する中間型と思われるからである。ほかのトリュフ型のキノコでは、胞子射出のための仕掛けがまったく消えているが、その場合は動物が丸ごと子実体を食べて、胞子を撒き散らしてくれるのである。

スッポンタケやカゴタケなどの仲間も液滴の仕掛けを失い、その代わり、ひどい悪臭に頼ってハエに胞子を運んでもらっている（巻頭口絵５）。胞子射出装置を持たない雑多なキノコの中には、子実体が肺臓のように見えるホコリタケが含まれているが、これは雨だれに打たれて砕け、雲のように胞子をパッと噴き出している。ツチグリやチャダイゴケの仲間も、胞子散布に雨滴の力を見事に使っている。雨は菌類が使う豊富な無料のエネルギーの源になっているのだ。小さな雨滴は胞子より一〇〇万倍も大きくて重く、人間の大きさでいうと、比較的小さな雨滴でも重さ一〇〇キロトンになり、四〇〇ポンド爆弾に相当する破壊力なのである。遺伝子解析によると、ホコリタケはヒダのあるキノコから進化したことになっているが、その仲間と違ってホコリタケの胞子は球形で、表面の面白い模様がないだけでなく、射出液も作れない。この丸い形の胞子はツチグリやチャダイゴケなどにも見られるが、これらの種で胞子の形によく見られる非対称性が消えているのは、射出の仕方が変わったことと関係しているらしい。

ただし、これは例外で、ほとんどのキノコ類は一世紀前にブラーが観察したような動きを見せている。[註13]

すべての菌類の胞子の飛散は、空気の質に大きく左右される。射出酵母による建物内のひどい汚染については先に述べたが、その胞子が深刻なアレルギー性疾患の原因になることが研究され、一般によく知られている。野外ではキノコから放出された胞子が驚くほど多いが、このことは空気のサンプルの中に含まれている数の多さに現れている。いわゆる「カビ指標」によると、ほとんどの都市で一年のうちのある時期には、キノコの仲間の胞子が優勢になるという。マンネンタケ属などの硬質菌の胞子が、しばしば空気のサンプルの中にとらえられているが、それはこの仲間が膨大な数の胞子を作る能力を備えていることの証明である。熱帯雨林の上空の大気組成を調べていた研究者たちは、化合物のマンニトールを含む大量の糖類を見つけたが、彼らはそれが射出液の形で胞子の背中に乗って舞い上がったと信じている。[註14] 空気のサンプルで測定した濃度を用いて、世界中で放出される担子胞子の量を推定すると、年間一七メガトンという信じられないほどの数値が得られた。これはスーパータンカー一〇〇隻以上か、一〇〇万頭のシロナガスクジラの重さに匹敵する。水滴や氷の結晶の核として働くことで、この胞子の靄《もや》が降雨のパターンや雲の厚さを形作り、ひいては気候変動にも具体的な影響を及ぼしているかもしれないという。[註15] ダーウィンの生誕二〇〇年記念の日に、この章を終えるにあたって「どの種でも生き残れる個体数よりも、多くの個体が生まれる」という、一八五九年に書かれた金言を認めるのが妥当と思われる。キノコの胞子は地球上の何物にもまして、この言葉を見事に表しているのである。

第3章　キノコの勝利
――キノコを作る菌類の多様さとその働き

キノコの色と毒

特定の生物グループに熱中したことのある人の多くは、初めてその動物に出会ったとき、頭の上で電球がともったように、感激した経験を持っていることだろう。本当に裏庭でぴかぴかとまたたくホタルの光が、生涯を通じて昆虫学にのめりこむきっかけになり、帽子をかぶったキツツキが幹をたたく様子や、ゴリラの出るテレビ番組なども同じように、動物の研究へとあなたを巧みに誘っているかもしれない。菌学者たちのなかには、子供のころ森で遊んでいるとき、キノコの多さに驚いたのがきっかけになった人もいることだろう。私の場合は、ある種のキノコとの出会いがあったからだ。私は一〇代のころ、一時期英国国防省が支援している空軍訓練隊という少年団に入っていたことがある。そこでは、たまに軍用機に乗せてもらえたが、戦争ごっこのほうがよほど多かった。雨が降りそうなある日の夕方、森に分け入って地図を読み取る競争をしていた時、私たちの分隊は道の辻でどっちへ行けばいいのかわからなくなってしまった。この辻の草の中から、一本のベニテングタケがにょっきりと頭を出していたのだ。白いイボをつけた深紅の傘に長い茎と垂れ下がったツバ、おとぎ話に出てくるものが自然に生えているとは、それまで思いもしなかった。「これはなんだい」と友達に尋ねると、「Jus an ol' grisette（こりゃ、テングタケみてぇだな)」[註1]というオックスフォードシャー訛りの早口で歯切れのいい返事が返ってきた。それから彼が指で地図を押さえて、我々は針葉樹の下を霧に濡れながらとぼとぼと歩いて帰った。その時、私はこのキノコのことをずっと考え続けていたので、いまだに昨日のことのように目に浮かぶ。

ベニテングタケ(*Amanita muscaria*)(訳註:英名は fly agaric《ハエキノコ》、日本でもアカハエトリの名がある)は、菌学者によって同定された一万六〇〇〇種のキノコのなかで、大衆文化の象徴的存在である(巻頭口絵6)。この分類学上のグループの正式名称は、真正担子菌類である。この仲間には傘型のキノコや、ヒダやハリ、管孔などを持ったサルノコシカケ類、滑らかな表面やしわの上に胞子をつけているもの、木の幹に平たい瘤状の子実体を作るもの、ホコリタケやツチグリ、チャダイゴケなどの仲間、スッポンタケ、カゴタケ、ニセショウロ、タマハジキタケの数種およびゼリーのような子実体を作るキクラゲ類のすべてが含まれている(図3.1)。このように多様な形を持ったものに、同じ場所で出会うという幸運に恵まれたら、その色や形や大きさの豊かさに圧倒されることだろう。

なぜ、キノコにはこれほど違った多くの種類、特に色があるのだろう。オックスフォードシャーにいた子供のころ、赤いキノコは毒で白いのは大丈夫だと思い込んでいた。もし、毒を持ったカエルの警戒色のように、キノコの色が摂食忌避手段として進化したのなら、この思い込みにも意味があったかもしれないが、菌類の色による識別は、ほとんど無意味である。カエルの場合と反対に、ベニテングタケやベニタケ属の赤い種による腸の炎症の原因になる毒素などは、破滅の天使と呼ばれる純白のテングタケの仲間が持っている肝臓や腎臓を破壊する化学物質に比べれば、お誕生日のキス程度のものである。この点については、統計解析によって傘の色と毒性との間に関係のないことが、証明されている。表面の色にかかわりなく、北米産のキノコ二四三種を調べたところ、その四分の一が有毒と判定された[註2](キノ

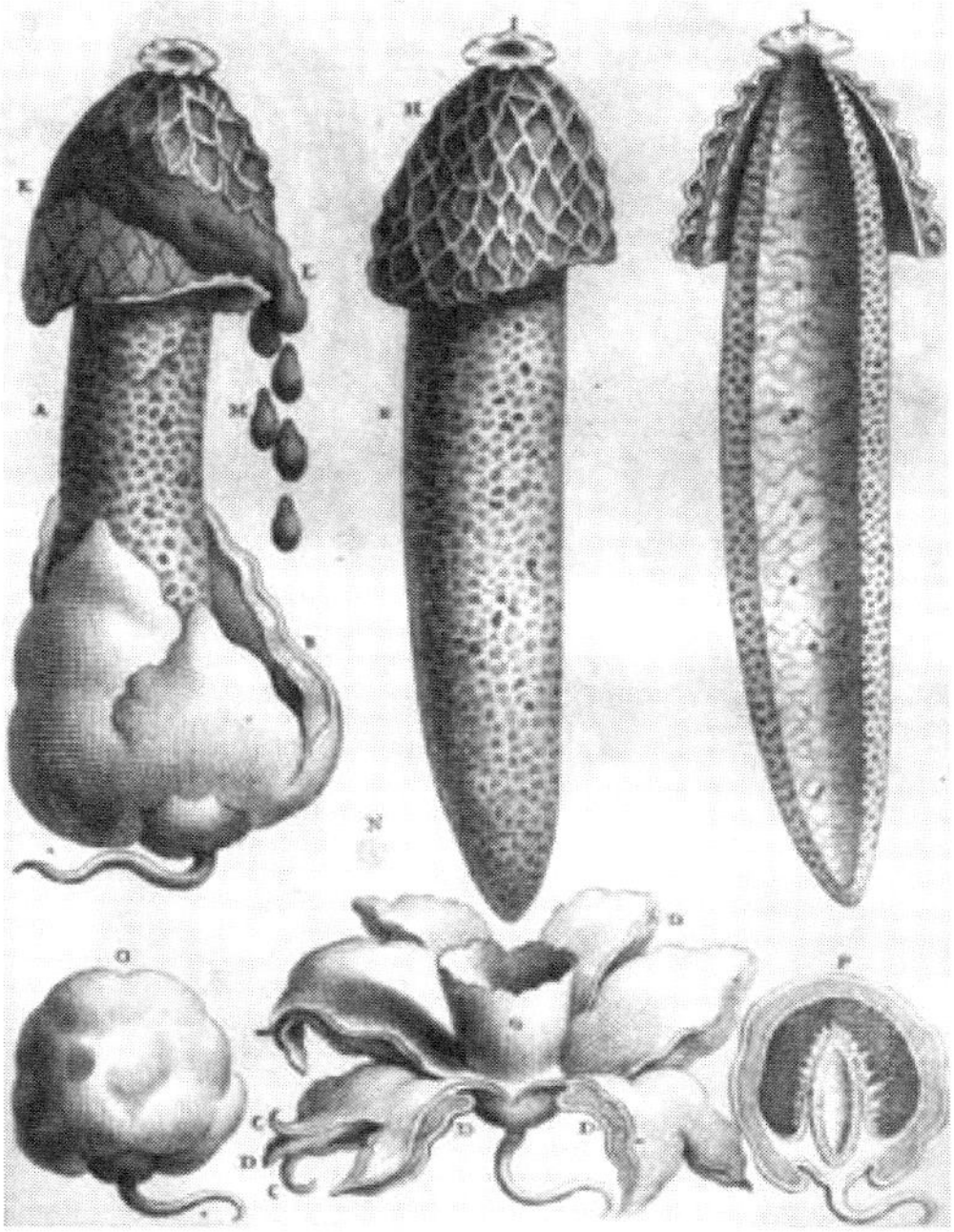

図 3.1　スッポンタケ（*Phallus impudicus*）
胞子を散布するために、悪臭を放ってハエを惹きつける、ちょっと変わった方法を用いるキノコ型担子菌の一つ。
P. A. Micheli, *Nova Plantarum Genera*（Florence: Bernardi Paperinii, 1729）

コの色とその毒性の関係はあいまいである。この点については第6章で触れることにする)。色と毒性につながりがあるという推定が論破されると、キノコの色の意味について、今の所注目に値する説明はまったくない。もちろん、ダーウィンが間違っていて、キノコの色がまだ生まれてもいないキノコ好きのことを考えて、六〇〇〇年前に意図的に決められていたというつもりはない。赤色や褐色の傘が光を吸収して熱くなりそうな日当たりの良い場所でも、白いキノコなら冷たいままでうまくやっていけるといったように、子実体の温度と胞子の放出に影響を与えているかもしれない。[註3]もう一つ、ベニテングタケの赤い傘は進化のつけたしで、その種にとって取り立てて役に立たない代謝の副産物だという見方がある。傘の色は胞子の色と同じではないが、この二つの特徴は成長過程で活性化された生化学的回路を通じてつながっているとも考えられる。胞子の色がなぜ異なるのかわかっていないのだから、この推測は到底当たっているとは思えないが。

キノコの形と性的隔離

解剖学と形態学は常に生物の進化的適応について、単なる色よりもずっと頼りがいのある情報を与えてくれる。ハチドリやアホウドリは高く飛ぶよりも、空中にとどまるのにうまく適応した鳥型恐竜の子孫である。同じように、異なる生態的環境に適合した驚くほど多種類の昆虫が、自然淘汰によって作り上げられてきた。血を吸うカには、ずるずると滑る穴の底で餌を捕まえるアリジゴクのあごと、まったく異なる口器が必要なのだ。キノコの大きさと形における変異は、適応的価値という点で直接的な意味を持っている。大きくて平らな表面積を持った生殖組織は、たくさん胞子を生み出し、ヒダの表面積は広く、細い管孔はさらに効率が良い(第2章参照)。このような組織を働かせるには、たとえば数の少ない大きいキノコの傘の下か、または多数の小さくて短命なキノコの下にヒダを作るなど、いろんなやり方がある。このような生殖戦略の幅の広さは、キノコの形の多様さとうまく対応しており、ヒダや管孔よりも、しわや針などのような生殖組織の配置に見られる二次的な変化が、さらに変異の幅を広げている。自然淘汰の結果、どのような特殊な子実体の形でもうまく働くように保証されている。もし、胞子が十分な数だけ散布されなければ、伝えられる遺伝子は消去される運命にあるのだから。

ただし、適応がすべてではない。生物界は、特に遺伝的にコードされた形質の適応的価値が、高められた機械的機能によって決まるのではないという例に満ちている。カブトムシではある大きさの範囲内で、変化にとんだ角《つの》を持った、非常に近い種が現れることがある。このような変異が生じる理由としては、角が長い小型のもの同士だけが、つがいになったとしか考えられず、その子孫が大型の角の短い同族を自ら避けて、最後には種が分化することになったのだろう。これは性による隔離の例である。ベニタケ属の七五〇種のキノコはすべてヒダを持ち、色とりどりの傘を作っているのだが、一つの属にこれほど多くの種が含まれている理由も、同じようなメカニズムによるのかもしれない。適応的価値に関するわかりきった憶測は、どれも満足のいく説明にはなっていないので、ここでは性的淘汰としか言いようがないのである。

進化のメカニズムに関するダーウィンの洞察が世に出るはるか以前に、博物学者たちは生物の世界を類似した性質を持った生物グループに区分する方法を探していた。たとえば、哺乳類に共通する解剖学的特徴は、起源についてほとんど知識がなくとも明らかだから、リンネは一七五八年に哺乳類（綱）としてこれをまとめた。振り返ってみると、類似した身体的特徴を取り上げたこの同定法は実にうまくいったので、リンネは聖書にある天地創造説に対する疑いを気にすることなく、わが霊長類の仲間の側にホモ・サピエンス（人類）を位置づけることが許されたのである。そして、種を属の中に、属を科の中に、科を目の中に、目を綱の中に置くリンネの分類法は、過去四分の一世紀における分子遺伝学的解析の時代まで生き残った。実際、動物や植物に関する一八世紀的分類法の多くは、現代的な視点からでも、まだ十分意味があるといえる。それは、特徴が共通しているものは、よく共通の祖先を持っているからである。とはいえ、菌類については間違いが指摘されており、起源にさかのぼった菌類の種のつながりの多くが、道理にかなった進化系統樹の中に位置づけられているとはいえないのだ。

形態による分類

初期の菌類分類体系は、ヒダを持ったキノコをすべて一つのグループに、管孔があるものを別のグループに分けるといったように、最も目立った特徴に頼っていた。[註4] クリスチャン・ヘンドリック・ペルスーン（一七六一―一八三六）はパリで三〇年間学者として研究に没頭し、この方法で菌類を体系化したが、その間彼はアパートの六階にある屋根裏部屋で、世捨て人のようなどん底の日々を送ったといわれている（図3.2ⓐ）。エリアス・マグヌス・フリース（一七九四―一八七八）は、初めて数千種のキノコを記載し、胞子の色によってグループ、または系列に分けて別個の分類体系をうちたてた（図3.2ⓑ）。

フリースはドイツロマン派哲学の影響を受けて、初めのころ cosmica momenta（訳註：宇宙を動かす力の意）という四つの力が菌類の発生に関係すると書いている。なんともいえない力の働き、または nisus reproductivus（土と水、訳註：繁殖する力の意）の力が子実体を作るもとになり、次いで空気と熱、光の相互作用が、自分が立てた四綱のうちの一つを結果的に創造しているのだという。このスウェーデン人は中年になって、分類学に対してより合理的な考え方をするようになったが、結局は彼の体系

(a)

(b)

図 3.2　ヨーロッパにおける菌類分類学の先駆者たち

(a) Christiaan Hendrik Persoon, クリスチャン・ヘンドリック・ペルスーン（1761–1836）

(b) Elias Magnus Fries, エリアス・マグヌス・フリース（1794–1878）C. G. Lloyd, *Mycological Notes*（1898–1925）

を混乱させることになる、ダーウィンの革命的思考にはほとんど関心を示さなかった。

外見によるキノコの記載は、役に立つやり方である。写生は、野外のキノコを同定するのにも、食べられるかどうかを見極めるのにも、唯一頼りになる方法なのである。しかし、ダーウィン以後、科学としての分類学は進化上の近縁関係を反映する自然分類によって生物を命名し、配列することを究極目標として活動してきた。ペルスーンとフリース流にヒダのあるキノコをまとめて一つのグループとし、さらにそれを茶色の胞子を持ったものと、白い胞子のものに細分するというやり方は、目標に到達できる望みのないものだったし、また今もないのだ。ピエール・アンドレア・サッカルド（一八四五―一九二〇）は、顕微鏡で同じように見える胞子を持った種をまとめることで、フリースよりも良い分類方法を見つけたと思った。[註5] しかし、系統的関係を反映するという意味では、このような細かな点も肉眼的特徴を超えるものではなかった。

分子生物学による分類の見直し

近縁関係を理解するためには、遺伝子の比較が唯一実効のある研究方法だといえる。この手法によって、かつて間違ったグループに入れられていた種を解き放ち、進化上のつながりを代表する新しい集団を掘り起こしていくことが、見違えるほどきれいにできるようになった。この方法は菌類分類に携わる一世代の研究者（ほとんどがアメリカ人だが）を活気づかせたが、同時に親しんできた種名や区分がごっそり解体されるのを横目で見てきた分類の専門家を怒らせている。形の上で共通する特徴にしたがって、伝統的にグループ分けされてきたキノコが、遺伝子レベルでばらばらにされているのだ。観察による古典的手法が、菌類進化の全体像を誤った方向へ導いた原因は、収斂である。というのは、普通のキノコの傘は空中に胞子を飛ばすのに、きわめて都合よくできているので、この特徴が担子菌の進化を通じて何度も出現したからである。キノコは、一度生じた後に適応していった生殖器官の花と同じではないのだ。キノコは別個に進化し、見かけが似ていて、機能を持っている点も類似しているコウモリと鳥の羽の場合に、よほど良く似ている。

DNAの塩基配列を解析するという骨の折れる仕事は、考えるだけでうんざりするが（私はやったことがないので、たぶん間違っていると思うが）、その手法と得られた結果は否定のしようがないほど衝撃的である。このような遺伝子解析から立ち上がってきた「木」に対する信頼は、種間の根本的な比較が無数の遺伝子に基づいていることがわかるにつれて、次第に育ち始めている。このような木は「系統樹」として知られているが、それはすべてにつながっている枝の長さが、塩基配列の差に相当し、進化系列での近縁関係を反映しているからである。理想的には、この比較は対象となる生物のすべての遺伝子、つまり全ゲノムが完全に読み取られたうえで行われるのが望ましい。ゲノム解析は、すでに酵母、サッカロミセス属（*Saccharomyces*）や少数の糸状菌について、異なる種間の進化上の近縁関係を理解するのに使われ、素晴らしい成果を上げている。[註6] おそらく、数年のうちにキノコを作る多くの菌を調べるために、この方法が使われることになるだろう。事実、二〇〇八年にはヒダのあるキノコのゲノムに関する、画期的な論文が発表された。対象となったオオキツネタケ（*Laccaria bicolor*）は何千種もあるキノコの一つで、森林の樹木の根に菌糸を絡ませて外生菌根を作り、植物との間で養分をやり取りしている菌根菌である[註7]（この種については、本章の中でもう一度触れる）。一方、三、四、五個の遺伝子に基づく系統については、塩基配列を調べた菌の形態的特徴と並べて比べてみると、いくつかの面白い点が見えてくる。ベニタケ属の種とその近縁のものは、いろんな特徴を備えた子実体を作るが、それ自身を含む分類単位の中におさまっており、テングタケ属のようなヒダのあるほかのキノコとは明瞭に異なっている。また、ホコリタケとその仲間は見かけによらずヒダのあるキノコの類で、ニセショウロは見かけが似ているのにまったく別もので、イグチの仲間なのだ。こんなことを、いったい誰が考えたことがあっただろう。実際、形態を見ていた研究者が、まれにこのような常識に反する驚くべき結果を予測したことはあったが、分子生物学的証拠に基づく図式は、本当と思いたくなるような、より豊かで強い説得力を持っているのである。同じ遺伝子を共有していることは、祖先が同じだという証拠であり、今我々は自信をもって、ニセシチメンチョウの尾とも呼ばれるチャウロコタケ（*Stereum ostrea*）はベニタケ属につながっているといえるのだ。これはトーマス・ジェファーソンがサリー・ヘミングの子供たちの何人かと密接なつながりがあるという話も、深刻な間違いではなかったといえるのと同じようなことなのだ[註8]（訳註：第三代アメリカ大統領トーマス・ジェファーソンの使用人であったサリー・ヘミングの子供の何人かは、ジェファーソンの血をひくといわれ、近年DNA鑑定によってその可能性を検討されている）。この命のとらえ方には、壮大な夢がある。

標本館での収集事業が中止になるとか、採集して命名する古典的分類学者の雇用が難しくなるといった話はさておき、この分子生物学の時代に、進化にかかわる研究がなぜそれほどまでに重要なのか、という問いかけは大切である。何を根拠にして、自然分類に関する研究がそれほど崇高だといえるのか、さらに、なぜ我々は菌類の分子系統学的研究に多額の経費を投入しなければならないのか。見かけの異なるキノコの間に、予期しない近縁関係が見つかれば興奮するが、裸でパラグライダーに乗った時もそうだよね、という人もいるかもしれない。菌学者はほかのこともやってみるべきではないのか。コーネル大学の分類学者で、自称へそ曲がりのリチャード・コーフが言っているように、自然界から菌類が消えていこうとしているときに、研究室に座って系統樹について考え込んでいるのはほとんど意味がないのである。[註9] ほかの基礎生物学の分野についても、同じことが言えるはずである。我々は研究室の中で仕事をし、専門家の小さなグループの中で受ける問題を突っつきまわしているが、生物界では実に多くのものが消滅しようとしているのだ。E・O・ウィルソンを含む高名な生物学者たちは、ジム・モリソンの言葉にあるように「全体が炎に包まれてしまう前に」[註10]種の同定をどんどん進め、できるだけ早く生物の多様性を記録しようと主張している。もし、生物圏そのものが燃え尽きてしまうようなら、もちろんこの目録はほかの人造のもの同様、役に立たなくなるだろう。それはそれとして、現行の研究助成金の決定は、近づいてくる黙示録的な馬の蹄の音に基づいてなされていないと信じたいのだが。要するに、すべては人類の未来に対する人々の期待の如何にかかっているのだ。ついでに私見を言わせてもらえば、二一世紀の後半はマルサスの人口論に従うことになると思う。私の体が日常的に出る二酸化炭素となって消えてしまった後にも、まだ生存競争で苦しんでいる九〇億人を超える人々が、マルサスの悪夢の中で生きていくことになるだろう。九〇億人の飢えた人類は残っている森林を破壊し、何億年もかかってできあがった素晴らしい進化の成果を壊滅させる以外、選択の余地がない。そう、これが人生、いや人生だったのだ。何とかして、間違いであってほしいと願っているのだが。

キノコに見る生態の多様性

分子系統学的課題を考える際、もう一つの問題は進化の上で様々な菌類のグループを操った指令に関する研究の乏しさである。これを書いている時点で、アメリカにいる数少ない菌類専門家の大半が、種間関係を知ろうとして懸命に努力しているが、ヒダと管孔の配置や胞子の形や大きさなどの違いの底にある意味を探ることは、ほとんどか、まったくなされていないといえるほどである。もちろん、ゲノムに関するデータが菌類の多細胞性を物語っていることを証明している研究者たちがいるなど、きわめて的確ないくつかの研究例も出始めてはいるが。[註11] 菌学者の研究集会などに参加すると、旧世代の実験屋として育った私は、ひどく場違いな居心地の悪さを感じることがある。

キノコの多様性について知るもう一つの方向は、これらの菌類が生態系の住人としてほかのものと共存し、あるいは逆に関係を持たないまま何をしているのか、いわゆる生活型について考えることである。子実体を出す前、キノコはきわめて忙しい。土を軟らかくしながら広がり、粘土の塊にもぐりこんで、さらに多孔質にしたり、木材を腐らせて落ち葉を分解し、樹木の根を包んで必須要素を食べさせ、病原菌と同じように多くの樹種にとりついて攻撃したり、寄生的なランやいろんな動物にカロリーを与えたり、ある種の細菌と共働したり殺したり、緑藻やシアノバクテリアと共生して地衣類になったり、毒素で無脊椎動物をやっつけてその組織を消化しながら、常に環境を浄化し、我々が生きられるようにしてくれている。悪い点を挙げれば、たまたまキノコの胞子が不幸な人の鼻や喉に入り込み、樹木のように衰弱させることぐらいである。

材の褐色腐朽と白色腐朽

キノコのコロニーはほとんど人目に触れることがないので、森林が彼らの力に頼っていることを理解するためには、かなりの想像力を働かせる必要がある。丸太を転がしたり、少し湿った落ち葉を剥ぎ取ったりすると、菌糸束と呼ばれている白い菌糸の束が、クモの巣のように広がって現れることがある。丸太の下から採った一握りの土には、強いキノコ臭があるが、土のにおいをかいだだけで、土壌中の生き物、特により複雑な生物が、菌糸がいないと具合が悪くなる（死を意味するが）と想像するのは難しいかもしれない。キノコのコロニーは実に不思議なもので、分解に欠かせない働き手で、生態系全体に栄養物をばらまいているのだ。その還元者としての役割は、多くの特性に由来している。ものに侵入して成長する過程は、ことのほか倒れたブナ材のような三次元的な餌を探し当てて、分解するのに適している。その成長のメカニズムは、様々な酵素の生産性によっているが、特に材の白い繊維部分を糖の分子にまでどんどん切っていくセルラーゼ、木材を硬くしている褐色の芳香族分子のリグニンを、砕いて変化させるオキシダーゼ類が重要である。セルロースとリグニンの分解力が、キノコに地球の死んだ木材が持っている一〇〇〇兆カロリーに近づく特権を与えている。この成分分解能の違いによって、キノコは褐色腐朽菌と白色腐朽菌に分けられている。褐色腐朽菌はセルロースをより多く取り除くので、材が褐色になり、一方白色腐朽菌はいくらかのセルロースと一緒にリグニンを砕くので、白いパルプが残ることになる。担子菌類の酵素による手際の良いリグニン分解能の進化は、石炭紀の終わりごろ植物遺体の過剰な集積と、その結果である石炭の生成に終止符を打たせたほど、木材の消失に大きな影響をもたらしたのである。[註12]

木材腐朽性キノコのいくつかは腐生性で、落葉分解や動物の糞の分解に適応した種と性質が類似している。そのほかは樹木や灌木の病原菌で、生きた植物の組織から栄養を摂り、樹木が死んだ後も材を分解し続けることができる。[註13] 森の鶏肉（あるいは硫黄の棚）とも呼ばれる、明るいオレンジ色のマスタケ（*Laetiporus sulphureus*）は広葉樹の病原菌で、子実体は宿主の幹から直角に折り重なって出てくる。マスタケは褐色腐朽菌で、広葉樹のオークなどの心材の病原菌だが、辺材は残すので感染した木は何年も生き残っている。カンバの類につくカンバタケ（*Piptoporus betulinus*）も褐色腐朽菌で、カンバ林の中の老木を取り除くのに特化されている。菌類が多い森林には、死んだのや死にかけた木がたくさんあるが、立っている姿からは、驚くほど脆くなっているようには見えない。しかし、実際は子どもでも空手チョップで落とせるほど、カンバの枝は脆くなっており、子供の自尊心がちょっとくすぐられるほどである（もっとも、後でその木が自分のほうに倒れてこなければの話だが）。ところで、オーストリアで発見されたアイスマン、エッツィは出血多量で死亡し、五〇〇〇年の間氷河の中に凍結され、その体を考古学のために遺したが、この時なぜかカンバタケのかけらを持っていた。菌に興味があったのかどうかはわからない。何らかの薬効があるのではといわれているが、このキノコがコルクのかけらほども食欲をそそらないとすれば、それもありうる話である。北米の先住民は硬質菌のほかの種に同じような思い入れがあって、きざんだ子実体を薬包に加えたり、ネックレスや神聖な上着にぶら下げたり、噛んで、ふかして匂いをかぐ粉煙草に、その灰を混ぜたりするという。[註14]

褐色腐朽菌の三番手は、ビーフステーキキノコの別称を持つカンゾウタケ（*Fistulina hepatica*）という肉厚のサルノコシカケの仲間で、その切った肉は、ラテン語の異名にもある通り、調理しない肝臓か、脂肪の多い霜降り肉に似ている（巻頭口絵7）。見かけが肉屋の売り物に似ているのに加えて、子実体を強く握ると血のような液が出る。この種はオーク類の材を帯状に赤褐色に染め、材を柔らかくて砕けやすい立方体にしてしまう（乾腐菌のナミダタケ〈*Serpula lacrymans*〉や *Meruliporia incrassata* なども、建物の中で同じような木材腐朽活動を行っている）。カンゾウタケ属（*Fistulina*）のキノコの構造は独特である。ほかの種と同じように胞子を作る組織は傘の下にある管孔の中に配置されているが、カンゾウタケ属の管孔は互いに離れており、小さなツリガネのようにぶら下がっている。最近の研究によると、この菌はほかの管孔を持った種よりも、ヒダのあるキノコにずっと近いとされている。[註15]森の中でこれに出会うのはうれしいもので、その白いツリガネを指でそっとなでた時の感触の良さは忘れがたい。

白色腐朽性のキノコは褐色腐朽菌よりもかなり多く、その材の分解はより普遍的で、材を構成する分子のすべてを攻撃する。膨大な量の胞子を生産することについて第2章で触れた、マンネンタケ属などの硬質菌は、ほかの菌が感染した後のブナ材に入って分解するが、その子実体は白色腐朽性のコロニーに支えられて出てくる。キコブタケ属（*Phellinus*）の仲間は枯死した枝を通って生きている木に侵入し、感染した箇所から上下に広がりながら、数年後まで子実体を作る気配を見せない。その子実体は馬の蹄のような形をしており、宿主の材や樹皮からできているのかと思えるほど硬い。第1章に出てきた巨大なコロニーを作る、オニナラタケ（*Armillaria ostoyae*）を含むナラタケ属（*Phellinus*）も白色腐朽菌として働いている。そのコロニーは広葉樹や針葉樹の倒木や切り株を食べながら、腐生菌として成長する。ナラタケの仲間は生きている樹木にも侵入し、樹皮の下にある生命維持に必要な形成層全体に広がり、宿主を殺してしまう。ナラタケ属の菌が形成層を破壊せずに樹木全体に広がった場合には、その白色腐朽力が異なった形の感染症となって出てくる。もう一つ、ヒダのあるキノコで病原性を持っているのはヒラタケ（*Pleurotus ostreatus*）だが、これは傷口から侵入して宿主の心材白色腐朽の原因になる。ヒラタケの子実体は、きれいなヒダを持ち、ごく短い茎で木についており、栽培品でも野生のものでも、美味しい。

このような病原性木材腐朽菌の多くは、植物が枯死した後まで宿主の組織の中で生き続けることができる。生活史のこの部分に関しては、彼らは植物遺体を食べることに特化したほかのキノコを作る腐生性担子菌類と競合している。シチメンチョウの尾とも呼ばれるカワラタケ（*Trametes versicolor*）やチャウロコタケ（*Stereum ostrea*）（傘の裏が滑らか）など、上表面が筋状に色づいている薄いサルノコシカケ型のキノコは、重なり合って生えており、いずれも白色腐朽菌である。また、腐生性の担子菌類は、様々な子嚢菌類とも餌をとりあっている。

草地のフェアリーリング

もし、過剰の窒素肥料によって傷められなければ、森林を離れた草地生態系でも、キノコは分解者として立派に働いている。窒素はキノコにとってしばしば必須のものだが、窒素過多、特に硝酸態窒素は有害である。この比喩は少しこじつけに過ぎるとは思うが、これは鉢一杯の海鳥の糞のグアノを、いつもの昼食より先にすすめて、芝生の管理人を怒らせるのに似ているかもしれない（彼らは硝酸態窒素とキノコが出ない芝生が大好きだから、活字で痛めつけておくのだが）。ダンテの『饗宴』風の美食の後では、いつものサンドウイッチの楽しさも台無しだが、それはキノコのコロニーが施肥によって引き起こされた土壌化学性の激しい変化で混乱させられるのに似ている。草の中の物資、特に根のセルロースやリグニンは、キノコが健康に育つための主要な餌になっている。コロニーは直接植物組織を溶かすこともできるが、ミミズなどの地下に住む草食動物の腸管を通ったものか、健康食を摂ってキャンピングカーで旅行する人たち（あるいはクロスイギュウ）のような、地上の草食動物が排泄したものから栄養を摂ることもできる。ほかの生息場所で菌類が成長する場合と同じように、胞子が発芽するとコロニーは放射状に広がる。この成長パターンは、安定した草地で直径何百メートルにもなるフェアリーリングを作るように、何百年も保たれてきたのかもしれない。これは自然の中でキノコが作る菌輪ともいえる。フェアリーリングが広がる最大速度、年間一メートルという数値は、日本のゴルフ場の芝生を枯らしてピンク色の胞子を出すコムラサキシメジ（*Lepista sordida*）で測定されたものである。[註16] これは非常に素早い菌で、自然の草地に生えるフェアリーリングを作る菌よりもかなり速く、その菌糸は一日に二ミリメートルも伸びていることになる。

遺伝子解析によると、フェアリーリングは個々の菌糸体から形成されているが、交配しないまま、対にならない一核菌糸で成長できるかどうかはわからない（第1章参照）。キノコを目印にすると、地下にある輪の形がわかるので、交配した二核菌糸を見つけるのは、確かにたやすい。何種かの菌のフェアリーリングは、子実体が発生したときだけ見えるが、草が枯れていたり、逆に良く茂っていたりする持続的なパターンは、ハラタケ属（*Agaricus*）やノウタケ属（*Calvatia*）、ホコリタケ属（*Lycoperdon*）、フェアリーリング・シャンピニオン（マッシュルーム）と呼ばれるシバフタケ（*Marasmius oreades*）など、草地性のキノコが持っている一つの特性である（ただし、マッシュルームはフェアリーリングを作らないのだから、この通称がまったくふさわしくないのは、現生人類の種名 *Homo sapiens*、つまり賢い「人」が適当でないのと同じことなのだ。何しろリンネはボノボが持っている問題解決能力を、一度も見たことがなかったのだからね）。多くのリングで、その周縁部が鮮やかな緑色の輪になるのは、活性の高いキノコのコロニーが可溶化した栄養素を根が吸収し、菌が植物の成長を促す化学物質を出したときに現れるからだといわれている。[註17] フェアリーリングの内側には、草が衰弱したゾーンが見られるが、これは移動する菌が土壌から養分を奪うためらしい。フェアリーリングの形の差にはあまりはっきり出てこないが、菌が一時的に草を弱らせ、雨が降ると復活させているのかもしれない。

瞬く間に消えてしまうキノコの輪が、ダンスをしている妖精や魔女、小人、小悪魔、魔法や毒、さらには埋められている宝物などが出てくる、民話の種になったのも驚くにはあたらない。イングランドのある地方では、若い娘たちがフェアリーリングで青々と茂っている草の露を体にふりかけると、顔の色つやがよくなり、その作り方を知っていれば、露から惚れ薬を作ることもできると信じられていた。[註18] ほかにも同じように使われたキノコがある。これはアメリカ南部のオザーク台地で一九世紀に流行った非常に風変わりな習慣だが、出たてのスッポンタケのぬるぬるした頭で陰部をなでた娘は、いい恋人に会えるといわれていた。[註19] とはいえ、何人の娘がこの処方箋を試したのだろう。草が枯れた輪はドラゴンが地面を焼いたという話につながり、フェアリーリングと稲妻を結びつける物語のもとになった。稲妻は硝酸生成を触媒することで土壌の栄養状態を改善するが、この化合物は雨で空中から消されてしまい、雷が落ちた場所にはたまらない。ただし、稲光が別の作用で子実体形成を促すとされており、少なくとも日本の研究者たちは食用キノコの発生を促すために、高圧電流を使ったという。[註20]

フェアリーリングの実態は、神話になるほど不思議なものではない。コロニーから芝の塊を切り離して、輪の中か外に植えると、ほとんどわきへは広がらず、菌はもとの方向に伸び続ける。切り離された部分は、まだ輪の一部であるかのように成長するのだ。もし、切り取った芝土を反対方向にして穴に埋め戻すと、方向を間違って置かれたコロニーの一部は成長を止めて死んでしまい、隙間が残る。この見事な実験から、いろんなことがわかる。フェアリーリングの活性が高い部分を内側へ移植して、その芝生が生き残っているのを見ると、通常内部で草が成長しないのは、栄養欠乏のためではない。広がるときにフェアリーリングは土壌から大量の栄養分をとるが、それは次の年に生えてくる新しい草によって補給される。また、この輪の捨てた内側に毒素が残っているというわけでもない。切り取った菌糸体の成長方向は、フェアリーリングの無数の糸状細胞が固定された極性を持っており、それがこれまでにやってきたこと、つまり外側へ伸びて、決して輪の古い部分に戻らないよう、プログラミングされていることを示している。[註21] この菌糸の融通の利かなさは、キノコの中の細胞の柔軟さと対照的である（第1章参照）。そのわけは謎だが、コロニー全体の細胞が栄養の点で互いにつながっていることと関係があるのかもしれない。フェアリーリングには、後ろ向きの生き方はないのだ。

キノコによる感染症

ヨーロッパで普通に見られる草地のキノコの仲間は、世界のほかの場所では森林にも出ている。たとえば、アカヤマタケ属（*Hygrocybe*）は草地にフェアリーリングを作るだけでなく、森林にも生える。近縁種のグループの間で生息地が重なっているのは、ヨーロッパの草地のほとんどがもとは森林だったことで説明がつくのかもしれない。この観察から森林と草地のキノコの働き方には、基本的にほとんど違いがなく、いずれも同じ種類の餌を食べているといえそうである。ただし、キノコも動物を食べるので、完全な菜食主義者と考えるのは、ちょっと単純すぎるだろう。

硬質菌に侵された樹木やフェアリーリングで台無しになった芝生に対して思い入れを持っていなければ（ゴルファーたちは例外）、また、毒キノコを食べるほど馬鹿でなければ、人は菌類を自然界の中の静かで不活発な部分の一つ、すなわち無害なものとみなす傾向がある。その美しさにもかかわらず、キノコはほかのあらゆる生き物同様、絶え間ない生存競争にかかわり、紋切り型の化学兵器の堂々とした装備を備えているのだ。「明けの明星（morning star）」という中世の武器は鎚矛《つちほこ》に似ていたが、棒の先に金属のとげのある球がついていた。この手の込んだ装置は、顔を殴って午後の休息を台無しにするために使われた。キノコは顕微鏡サイズの「明けの明星」を使ってネマトーダ（線虫）の肉を裂き、毒を入れてピカピカ光る内臓を溶かしてしまう。もし、ネマトーダが子供を持っている母親だったら、傷口からこぼれだした、まだ生まれていない子供も毒素で虐殺されてしまう。裁判官のカツラの異名を持つササクレヒトヨタケ（*Coprinus comatus*）は傷ついた虫を追いかけて消化するというやり方で食事をとっている。ほかのキノコは、いろんな方法で虫に襲いかかる。この中には、ネマトーダに特異的な瞬間接着剤を出す、球根状や砂時計の形をした吸着細胞や（この無脊椎動物は皮膚の最表層を破ると、かろうじてこれから逃れることができる）、ヒトヨタケ属（*Coprinus*）の「明けの明星」のように働く刺状細胞という、とげのある細胞の塊などが含まれている。化学兵器にもいろいろあって、先に樹木の病気の所であげたヒラタケや芝生でよく見かけるキコガサタケ（*Conocybe lactea*）などは、分泌細胞で作られる毒素でネマトーダをやっつける。あるものでは、キノコのコロニーが虫を消化しないこともあるが、このメカニズムには菌糸が虫に食べられないための防衛戦略の意味があるように思われる。キノコが生きている脊椎動物を食べるのはまれだが、かなり遠縁で単細胞の *Cryptococcus neoformans* はよく知られている人間の日和見感染菌である。ここまで話したら、不幸なことだが、少し触れておく価値のある「人食い」キノコの不愉快な症例の歴史がある。小さな木などについている、白いヒダが途中で分かれているスエヒロタケ（*Schizophyllum commune*）は、時々人間の鼻骨や蝶形骨《ちょうけいこつ》の感染菌になることがある。このキノコのコロニーは肺の感染症や脳の膿瘍、口蓋の潰瘍などでも見つかっている。このキノコによる感染症の場合、初期症状は鼻づまり程度の感じで、軽いといわれている。人間の体につくもう一つのキノコは、*Inonotus tropicalis* で、通常は白色腐朽菌である。この種は患者の骨髄液から発見されたが、その菌糸は脊椎につながる空洞を満たしていたという。ほかの硬質菌も肺感染症の原因になっているが、ウシグソヒトヨタケ（*Coprinopsis cinerea*）はそのすべてに勝っており、人工心臓弁にもつくそうだ。

キノコと共生するハキリアリとシロアリ

キノコが原因になる感染症や中毒のすべての例について（キノコ中毒は第7章の主題）、菌類とほかの生物の間で、二つまたはそれ以上のものにとって利益になる相互関係が見られる。これを共利共生、または略して共生と呼んでいる。ヒダのあるキノコのシロカラカサタケ属の一種、*Leucoagaricus*（*Leucocoprinus* ともいう）*gongylophorus* は共生菌だが、地下の昆虫の巣穴で無数のハキリアリに養われ、守られている。[注22] 最も大きな巣穴はトンネルでつながれた、何百ものフットボール大の菌園からできている。アリの大半は雌の働きアリで、葉のかけらを菌園に運んでかみ砕き、相手の菌に食べさせている。アリにはどのような利益があるのだろう。この菌は葉に含まれる栄養素を消化するのに非常に長けているため、アリが自分で消化できないものまで分解して、そのカロリーの大部分を枝分かれした栄養菌糸の中に蓄え、アリの主要食品となる肥大した蟻餌《ぎじ》細胞、または蟻餌菌球《ぎじきんきゅう》を作る。このような共生現象は、中南米の各地やメキシコ北部、アメリカ合衆国南東部、カリブ海地方などの温暖な地域で見ることができる。

若い女王アリは婚姻飛行をするとき、この菌を運び、それぞれ新しい巣を立ち上げる。いったん巣ができあがると、キノコのコロニーはいろんな階級の働きアリによって葉のかけらを絶えず与えられる。同時に働きアリが異なった菌の胞子を取り除いてくれるので、煩わされずに成長することができる。ほかの菌の胞子を物理的に除くのに加えて、アリは抗生物質を生産する細菌を、その表皮につけて運ぶ。この抗生物質は、菌園を破壊する *Escovopsis*（子嚢菌の一種）という寄生菌を狙ったものだが、菌園にいる菌にはこの物質に対する免疫がある。さらに、アリの胸部にある後胸腺《こうきょうせん》という器官からは、ほかの化学物質が出ている。この物質が *Escovopsis* を抑える細菌を除かないまま、アリの表面についているほかの微生物をコントロールしているというわけである。働きアリはコロニーを支えている、蟻餌菌球を生産するためのエネルギーが分散しないように、子実体原基を上手に取り除いている。これが、アリが放棄した巣からキノコが出て、胞子が飛ぶ理由なのである。このキノコとハキリアリの関係は、最近、おそらく一五〇〇万年前から五〇〇〇万年前の間に、比較的単純な関係から進化したと考えられている。たぶん、初めは昆虫の排泄物や体の一部分、腐朽材の断片などを餌にして菌を養っていたのだろう。

アフリカや旧世界のほかの場所では、シロアリタケ属（*Termitomyces*）のキノコが、乾いた泥のマウンドの中で栽培されている。[註23] シロアリは植物遺体を食べて、セルロースの多い糞からアリの巣と呼ばれている菌園の枠組みを作る。菌園におけるセルロース分解は、兎穴のような風洞で通気された聖堂型のマウンドの中で効率よく行われている。[註24] 最近の研究によると、マウンドの中の菌はほかの菌の成長を妨げるために、湿った巣の内側に乾いた表面を作ることで、自分たち自身の暮らしに、大きくかかわっているという。この昆虫が巣を捨てると、西アフリカのシロアリタケの一種、*Termitomyces titanicus* は直径が一メートルもある傘を持った巨大なキノコを作るそうである。[註25] この共生生活はアフリカの熱帯雨林で進化したようだが、それ以来菌園に支えられたシロアリタケのコロニーは、開けたサバンナ地帯で主要な二酸化炭素排出源として、生態的により重要な存在になってきた。菌を栽培するシロアリは、ある地方では作物の深刻な害虫だが、南米のハキリアリについても同じことがいえる。

アリとシロアリは最もよく知られたキノコの共生者だが、ほかにも多くの例がある。カブトムシ類の幼虫は、菌が分解した材の中に巣穴を作り、昆虫が養った菌糸と一緒にカブトムシはパルプのようになった材を食べる。スッポンタケがわかりやすい良い例で、多くの昆虫が子実体の組織を食べて胞子をばらまくが、キノコと昆虫の関係があいまいな場合、胞子はヒダから落ちているだけなのだろう。ニセショウロ目の地下生菌の仲間も動物に胞子を撒いてもらっているが、この場合はリスなどの小さな哺乳類が、胞子から出る未同定のオイルを含んだ芳香物質に惹きよせられて、子実体を土の中から掘り出して食べる。ちなみに、ショウロ属（*Rhizopogon*）は広く分布しているキノコだが、ヌメリイグチ属（*Suillus*）の近縁である。

キノコと樹木の共生——外生菌根

地衣類の大部分は子嚢菌との共生体だが、少数のものはキノコを作る担子菌類と光合成藻類、またはシアノバクテリアからできている。ごく最近まで、この担子地衣は熱帯に限られると考えられていたが、その分布範囲は近年の調査によって広がりだしている。それにもかかわらず、担子地衣はその専門家以外の人にはさほど重要なものとみなされていない。もちろん、共生現象を生態的意義にしたがってランク付けするのは無意味なことだとは思うが（生態的意義は生物学的成功と同じだというが、私にはその違いがわからない）。このことにもっとはっきりした概念を持っているはずの生態学者たちは、きわめて長い間菌類を無視し続けてきたが、ここ一〇年ばかりキノコと植物の間に見られる菌根共生に大きな関心をよせている。菌根に対する興味は、ほかの生物学者たちにも広がっており、この共生の存在が入門書の中の数ページを菌類に割く、ささやかな理由の一つになっている。菌類に対する関心のなさは恥ずべきことだが、少なくとも学生たちの共生への理解は、やっとイソギンチャクとクマノミのレベルを超えたといえるだろう。[註26]

菌根を作るキノコはざっと八〇〇〇種あるが、これは担子菌類の約半分に当たる。ただし、世界中の菌類は、キノコを含めてほんの わずかしか同定されていないので、実際の種数は二万種を超えるかもしれない。根につく菌の共生状態には多くの形があるが、外生菌根はキノコがかかわっているものの代表例である。[註27] その名の通り、菌は根の外側についている。この共生は菌糸が樹木や灌木の根に付着するところから始まる。土壌中で細根に出会うと、菌はとりつける相手が近くにいることを感じとって、その成長の仕方を変え、細根を包み込んで円柱状に根の表面に網をかける。根を取り巻く菌糸が増えるにつれて、菌糸も枝分かれを繰り返し、密着した手袋のような菌鞘《きんしょう》という鞘を作る。そして、多くの化学物質による信号が植物と菌の間を往き来し、互いに受け入れるか否かを決める。根は広がり続け、菌糸も伸び続ける。菌鞘が厚くなるにつれて、根系の中の正常な細胞分裂が乱され、短根ともいう側根が太くて短い形に変わる。一方、菌糸体は根の表面に侵入し、何かを探るように個々の植物細胞壁の間に菌糸を挿し入れる。菌糸細胞は細胞壁の間に、内部の膨圧を使って、おそらく酵素を分泌しながら通り道をつける。

共生状態が深まると、細胞間隙で成長する菌糸の状態は、根の細胞間の正常なつながりが、割り込んできた菌糸細胞の膜に置き換わったほど、精巧なものになる。菌根のこの内部構造は、一八四〇年代にこの構造を記述したドイツの植物学者、テオドール・ハルティッヒにちなんで、ハルティッヒネットと呼ばれている（図3.3）。菌根の異常な内部構造に驚いて、彼はこの菌糸のネットが共生菌のものではなく、植物の一部だと考えた。しかしこの場所でこそ、菌は根の最表層の細胞間における養分移動を完全にコントロールし、植物が作った糖類のかなりの部分を吸収し始めるのである。もし、菌と植物の関係が単に糖類の流れだけだとしたら、寄生と定義されたはずだが、植物のほうも相手から利益を得ているのだ。菌糸体は菌鞘から離れて土壌中に広がり、糸状菌糸のネットワークを作って、巨大なスポンジのように水を吸い上げて集め、溶けた栄養分を植物に送り込んでいる。菌のコロニーは根系の一部として

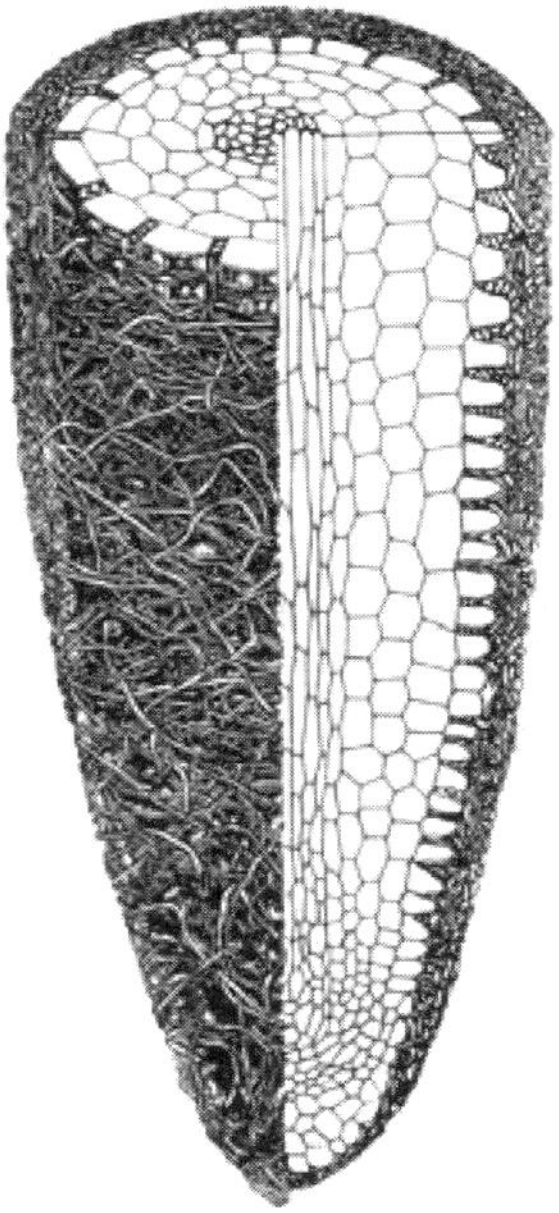

図 3.3　外生菌根になった根

外生菌根菌の菌鞘と宿主の皮層の細胞間隙に入った菌糸が作る構造、ハルティッヒネットを示す。

H. B. Massicotte et al., *Canadian Journal of Botany* 64, 177–192（1986）

働き、膨大な量の土から水や水に溶けた養分、特にリン酸を植物が吸収しやすいようにしているのだ。推定によると、土の中では一メートルの根に対して一〇〇〇メートルの菌糸が広がっているという。養分に乏しいアルカリ性土壌では、菌根菌は命綱であり、菌に糖を与えても十分見合うはずである。ある種の菌根菌のコロニーは硬い岩石の割れ目に入り、浅い土の下の花崗岩《かこうがん》をゆっくり溶かして、溶けだした養分を相手に送り込むこともできる。

キノコ類では、樹木と調和を保って生きなければならない状態が繰り返し何度も生じ、しかもその都度同じような組織構造が発達したらしい。このような事実から、腐生から共生に至る進化の道程は、予測したほど複雑ではなかったと思われる。収斂というより、この共生状態に菌鞘とハルティッヒネットが見られるのは、おそらく、キノコの糸状菌糸からできているコロニーと根との間で起こる、養分交換に必要な物質的つながりからくる必然の結果だったように思われる。言いかえれば、菌根菌の菌糸が根の細胞間隙にもぐりこむときは、常にハルティッヒネットに認められる敷石状の細胞構造を作るといった、手の込んだことをしているように思える。この形態は菌と植物の機能的関係からきているようだ。実際、病原菌が感染した根でも、同じように菌糸が押しつぶされたように見える。ただし、病原菌の場合は、それ自身が根の細胞内を移動し、植物の抵抗をかわせれば、細胞内容物を消化できるという違いがある。菌根共生と病気の結果に見られる違いの多くは、菌と宿主の間に異なる分子レベルでの「対話」といえるほどのものがあるためらしい。認識機構はこのような関係の要なのである。

オオキツネタケ（*Laccaria bicolor*）はマツやモミ、シラカンバ、ポプラなどと菌根を作る可愛い種である（巻頭口絵8）。そのブロンズ色をした傘は直径七センチメートルほどになり、若いものは薄紫色のヒダをつけている。ほかのキツネタケ属（*Laccaria*）の種同様、かわいそうに「詐欺師」という通称をもらっている。この名は、古くなるにつれて鮮やかだったキノコの色が褪せ、同定が難しくなることによる。分布範囲は広く、樹木に共生して育ち、温帯や亜寒帯の森林に出てくる。オオキツネタケは菌根菌としての性質や地理的分布の広さのほかに、実験に使いやすいという理由で、シークェンシングのために選ばれた（訳註：シークェンスは塩基配列、シークェンシングは遺伝子を構成するDNAヌクレオチドの塩基配列を決めること）。また、樹木の苗圃《びょうほ》でも大切で、苗木の成長を促すため、土に加えられている。そのゲノムは非常に大きく、六五〇〇万対（核酸塩基A、T、G、C）ほどだが、ヒトゲノムの三〇億もある梯子の桟に比べれば、うんと小さい。[註28] タンパク質をコードしている遺伝子の数を比べてみると、キノコは二万、ヒトは二万から二万五〇〇〇の間だから、その差は小さい。[註29] このことはヒトゲノムの中に、どのタンパク質にも対応していない大量のガラクタDNAがあることを物語っている。いいかえれば、キノコのゲノムは霊長類のものよりも、はるかに効率的なのである。

　オオキツネタケは土の中にあるタンパク質や脂肪、含水炭素などを分解する多数の酵素を生産するが、ほかのキノコに通常見られる、植物細胞壁のセルロースやリグニンを分解するための酵素群を欠いている。これは重要なことなのだ。というのは、キツネタケ属などの菌根菌が木材を腐らせる先祖から進化して、新しい生活法を取り入れるにつれて、多糖類を分解する酵素を失っていったと思われるからである。比較してみると、マクカワタケ属の *Phanerochaete chrysosporium* という白色腐朽菌のゲノムは、リグニンを酸化するのに必要な一〇〇個の異なる酵素をコードしている。[註30] オオキツネタケが持っているタンパク質分解酵素の一覧表を見ると、大変面白い。というのも、このキノコが土壌に生息する小さな節足動物のトビムシを毒素で麻痺させ、それを菌糸が消化することがわかるからである。[註31] トビムシの死骸は菌にとって十分な窒素源になるだけでなく、この収穫物を樹木へ送り届けることは、植物が共生する菌を養っておくための、大きな励みにもなっているのだろう。また、オオキツネタケのゲノムは、樹木の根とつながった時に菌糸から放出される無数のタンパク質をコードしている。ハルティッヒネットが木に向かって歌う歌は、「万事お任せ。俺は殺そうと思ってここにいるんじゃないよ。お砂糖をありがとネ。お返しはリンと窒素だぜ。まだまだ大丈夫さ」と、こんなものかもしれない。

外生菌根の進化と三者共生

種子植物のうち、外生菌根を形成するものはわずか三パーセントにすぎないが、その生態的かつ経済的重要性は計り知れない。針葉樹のマツ科と顕花植物のブナ科の樹木は、すべて菌根植物とされている。[註32] これは、北半球の亜寒帯林の針葉樹が菌根菌と共生し、同様に温帯林と東南アジアの広大な島嶼《とうしょ》地域の広葉樹も菌根を作っていることを意味している。最近、菌学者たちも熱帯雨林における菌根共生の重要さに気づき、キノコがフタバガキ科やマメ科など、熱帯雨林の樹種の根についていることを知るようになった。このような樹木との関係を通して、キノコは木材生産だけでなく、気候の調節や大気の化学特性、水の浄化、地球的な生物多様性などにとって必須の存在になっているのである。もっとはっきり言わせてもらうなら、キノコ抜きでは我々は生存できず、生態系の中でキノコに頼って進化した人類は、キノコの絶えざる活力がなければ、滅びてしまうということだ。

キノコの祖先は、今日菌根を作っている植物群が出現するずっと以前に進化していた。このことから腐生菌の中の変わりものが、新しく進化してきた植物の生きた根から供給される糖に惹かれて、太古の植物の組織を分解していた好みを放棄したといえそうである。たとえば、針葉樹の根に見られる共生は、白亜紀もしくはもっと早く、マツ科が分化したペルム紀のころに始まったのかもしれない。顕花植物に外生菌根ができたのはもっと新しいことで、その急激な増加は、始新世の終わりに起こった地球規模の寒冷化に関連して、北半球で温帯林が大繁栄した結果だったと思われる。遺伝学的証拠も、今日のイグチ属やアミタケ属につながる、管孔を持ったキノコ類が始新世に分化して、共生の可能性を持った植物に対して、新しい相手となったことを物語っている。

植物はそれぞれ一〇種以上の菌と有効な菌根を作るが、異なった地域のものを入れると、一つの植物種が何千もの菌と菌根を作ると思われる。ヨーロッパアカマツ（*Pinus sylvestris*）のように、大陸にまたがって広い地域で繁茂する樹種にとって、融通の利く菌根菌が相手をしてくれれば、そのほうが明らかに有利である。そうなれば、植物は種子が発芽した場所でそのまま、在来の菌と共生することができるからである。ある菌は柔軟性にとんでいるが、やはり中には慎重なものもいる。たとえば、見境のないベニタケ属の中には、樹皮に包まれている根でも、こっそりともぐりこめる種がいる。また、アミタケ属の一種、*Suillus pungens* は北カリフォルニアの海岸林にある在来の二種類のマツだけに相手を限っている。

キノコはまた、ランなどの寄生性植物とも別の形の菌根を作って共生している。[註33] ランはいずれも、ごく小さな種子を作り、発芽と初期成長の段階で菌のコロニーと共存し、頼って生きている。いったん成長すると、ランの多くは葉が緑色になって自分で自分を養うことができるようになるので、幼植物の時の居候生活から解放される。[註34] エゾサカネラン（*Neottia nidus-avis*）などの葉緑素を欠いた寄生的なランは、一生を通じて菌に頼っている。その関係は外生菌根の場合の共生と異なっており、これらの葉緑素を持たない白い植物は、根の中に菌糸が入ってできた、ペロトンという菌糸の塊を食べて生きている。彼らは菌従属栄養植物、つまりキノコに寄生する植物なのである。この関係は三者共生といわれ、同じキノコが緑色植物と菌根を形成し、この光合成する樹木の根から、共生者のランの枝分かれした根へ餌を送っている。ベニタケ属の菌は三者共生によく見られるパートナーで、ある種のランは複数の菌と同時に関係を持つことができる。ほかの植物の中にも、イチヤクソウ科のギンリョウソウモドキ(*Monotropa uniflora*)(アメリカでは幽霊花、インディアンのパイプ、死に花などいろんな名が付けられている)のように、同じような関係をキノコと保っているものがある。

菌根性キノコは人間などのキノコ好きによって、美味しい食用菌として世界中で採られている。地球生態系の中で、キノコは動物の食料としての受け身の働きを通して、文明の中でもなじみ深い役割を果たしてきた。初めの三つの章では、キノコの生物としての姿を紹介したので、次は社会菌類学の中における問題点、特に利用とその誤りについて触れてみよう。また、キノコと人とのつながりを通して、迷信からの絶えざる脱却から、やがて来る終末に至るまで、種としての人類の歴史を語ることにしよう。聖書には「百合を思え」とあるが、「キノコを知れ」のほうが愉快なのだが。

第4章　悪食――キノコ狩り

ゲテモノ食いのマッキルヴェイン

一八九八年一〇月、グレトナ山にて。小糠雨が焚火をしっとりと濡らし、ひょろりと伸びたカエデの木の後ろに夕陽が沈む。チャールズ・マッキルヴェインは帽子をとって服の袖で額をぬぐい、火の側にかがんで吊り下げられた鉄なべをかき回した。しばらくすると、薪を抱えてキャンプに帰ってきた戦友が「いったい、ここで何を煮ているんだ。大尉」と尋ねた。すると、マッキルヴェインが大声で「ペニーパッカー、もうすぐ聖人にふさわしい晩飯にありつけるさ」と答えた。「乞食腹むきかな。俺は塩漬け豚で腹をなだめとくよ。ウイスキーをくれ」

マッキルヴェインは鍋から杓子を取り上げ、シチューをフーフーと吹きさましてから、一口すってみた。「大佐、キツツキの卵がこれほどうまいと思いますか」と言いながら杓子を戦友に手渡した。刻んだスッポンタケの卵のようなツボミを入れた澄んだスープで、その中には薄いゼラチン質の皮に包まれたチョコレート色の軟らかいものが浮かんでいた。「炒めたほうがましじゃないか。なんだこりゃ」。ペニーパッカーはその切れ端をちょっとかじって、すぐペッと火の中へ吐き捨てた。「お前頭がどうかしたんじゃないのか、大尉。こりゃ熊の糞でも食べたほうがましだぞ」

チャールズ・マッキルヴェインとガルーシャ・ペニーパッカーは南北戦争中、ペンシルベニア志願歩兵師団九七連隊に所属していた時友達になった。マッキルヴェインはグレーブル守備隊という歩兵中隊を指揮し、ペニーパッカーは連隊の上級将校に任じられた。なお、マッキルヴェインは一八六三年に名誉除隊した。ペニーパッカーはノースカロライナ州のフィアリバー岬にあるフィッシャー砦を攻撃しているとき、臀部の右側を撃ちぬかれ、生き残れるとは思われなかったという。[註1] 戦後、マッキルヴェインは職に就くのが難しく、ヨーロッパを放浪したあげく、アメリカに戻ってウエストヴァージニア州の山中で暮らすことにした。その後、彼はアパラチア山脈の荒野で、神に出会うことになる。

「あの果てしない州の深い森の中を、馬の背に揺られて通り過ぎる間、どこを見ても色とりどりのキノコがどっさり生えているのを目にした。そのきれいな姿を見ると、どれも食べられそうだった。この時まで、実際私はベーコンばかり食べて暮らしていたが、研究を重ねて、何世紀も前に皇帝の夕食を飾った贅沢な惣菜を、この州の主な料理として加えることができるようになった。それ以来私は料理学と調理法の科学的見地から研究に熱中し、おかげで知的興味と食欲の大きな満足感に浸り続けている」[註2]

食用キノコ・毒キノコの鑑別ガイド

マッキルヴェインにとって、こんな話は当たり前で、彼は決して人の味覚に左右されなかった。怖いもの知らずのキノコ好きは、森で見つけたほとんどすべてのキノコを採り、口にしないのはまれだった。『One Thousand American Fungi（アメリカのキノコ一〇〇〇種）』という、彼が書いた古典的な著書の中で、この老兵はキノコを美味しいもの、味のないもの、不快なもの、のどを通らないもの、有毒のものに分けている。また、マッキルヴェインはヒラタケ（*Pleurotus ostreatus*）について、「ありがたいことに、ラクダは砂漠の船と呼ばれているが、ヒラタケは森の貝のようだ。柔らかい部分を卵に浸し、パン粉をまぶしてカキのように揚げると、どんな材料にも勝っており、凝ったメニューにふさわしい一品になるだろう」と書いている。コショウイグチ（*Boletus piperatus*）はそれほど熱烈に推薦されたわけでもなく、「私は友人と一緒に楽しく、なんら不快感もなく食べた」という（私の好みはイタリア料理だが、「多彩なメニューをすべて楽しんだ。私も妻も、ともかくひどい下痢はしなかった」と私が評したレストランへ、果たしてあなたは行くだろうか）。キシメジ属の一種、*Tricholoma coryphaeum* も「どうにもいただけない匂い……煮ている間に消えてしまった」と、同じように褒められもせず、けなされている。タマチョレイタケ属の一種、*Polyporus heteroclitus* は硬いキノコだが、大きくなると手におえないので、若い時にとるのがよいという。反対に、*Amanitopsis nivalis* の苦みは、煮ている間に強くなるようだという。もう一つのキシメジ属の一種、ニオイキシメジ（*Tricholoma sulphureum*）はもっとひどく、「どんなに調理しても、悪臭がとれなかった。その特性を調べるのに足るほど食べてみたが、猛烈に努力した末に納得して『非食用』とした」と書いている。どうやら、マッキルヴェインは現代の『キノコガイドブック』に有毒と記載されている、通称悪魔のイグチと呼ばれるウラベニイグチ（*Boletus satanus*）やその近縁種のウラベニイロガワリ（*Boletus luridus*）などにも、耐性があったという強い印象を受ける。最後の一例は、食べられるか否かという嗜好性に基づく単純な分け方をまったく無視したものである。シロキクラゲ目の *Syzygospora mycetophila* はキノコの傘の上に小さな菱型紋を作る菌寄生菌だが、「これを離すのは、寄生菌から宿主をとることだった。（私はすでに舌なめずりしているが）調理するとぬめぬめして軟らかく、仔牛の脳みそのようだった。ただし味はない」と書いている。

マッキルヴェインは、いわば「ゲテモノ食い」だったのである。

『アメリカのキノコ一〇〇〇種』は学識あふれる素晴らしい著作だった。出版に先立つ二年前の一八九八年ごろまで、マッキルヴェインは五〇〇種で抑えておこうと思っていたが、原稿が増え続けた。[註3] 一巻に収めて、収録範囲を増やすために、マッキルヴェインは最終的にその著述から五万語をカットせざるを得なかった。その結果七〇〇ページに及ぶ挿絵の多い、家庭用聖書のサイズの大きな本が印刷されて、一世紀以上の間残ることになり、マッキルヴェインはアマチュア菌学者の鏡とたたえられた（図4.1）[註4]（ここでアマチュアという言葉を使ったのは、馬鹿にしているのではない。採集して同定し、食べることが好きな人々を、大学で苦労している菌学者仲間と区別するためである）。マッキルヴェインはウエストヴァージニア州のキノコの多様さに喜びを感じたのに加えて、一八七七年に月刊誌『The Popular Science Monthly』に載った「毒キノコの食べ方」という記事に魅了された。[註5] その著者のジュリアス・パーマーは、世に認められていないマッキルヴェインの偉大な先輩で、『Mushrooms of America: Edible and Poisonous（アメリカの食用キノコと毒キノコ）』を一八八五年に出版していた。[註6] この二人の著者はキノコをただで手に入る埋もれた食材とみなして、有毒なものを見分けることの大切さをよく理解していた。マッキルヴェインとパーマーはこの仕事を、アメリカ合衆国農務省（ＵＳＤＡ）の微生物学者だったトーマス・テイラーやニューヨーク州立植物園の植物学者だったチャールズ・ホートン・ペックなど、専門の研究者と分かち合った。一九世紀の有名な人物、ベリー・ベンソンは元南軍の狙撃兵で斥候であり、食味実験の上でマッキルヴェインのライバルだった。ベンソンはしばしばその幻覚作用で有名なベニテングタケ（*Amanita muscaria*）を食べて、「食べ過ぎになるまで、毎日朝食で食べる量を増や

図 4.1　チャールズ・マッキルヴェイン大尉（1840–1909）と出版されなかった未同定のキノコの図
マッキルヴェインの写真は *McIlvainea* 1（1972）の表紙から複製。

し……」と書いている。[註7] 彼は悪い症状については触れていないが、ペックとやり取りした手紙の中で、このキノコで「頭がちょっとくらくらした」と述べている。

アマチュア菌学会の功罪

今日、アメリカのアマチュア菌学会は、大変盛況である。地方や州のキノコ同好会は、五〇年前にオハイオ州のハリー・ナイトンによって設立された、北米菌学協会（NAMA）という全体組織に加入している。野生キノコの同定、採集、調理などがNAMAの主な活動だが、二一世紀に入ってから野生キノコの採集と保護に関する相談が、遠回りして私の所へも持ち込まれてくることがある。

キノコに対する感謝の気持ちが強くなるにつれて、私はテーブルの上に広げられて、乾き萎れて胞子を飛ばせなくなったキノコを見ると、不愉快になることが多くなった。どうせその後は、流しに放り込まれて粉々に砕かれ、嫌な臭いを出すヘドロになってしまうのだ。地方のキノコ同好会がやっている、週末の採集会の終わりによく見かける光景だが、この仰々しい実地観察の狙いは、その日見つけたものを互いに見せ合い、参加者が同定の仕方や知識を習得するのを手伝うことである。これに対する私の反発はまったく個人的なもので、キノコを採って菌の集団を傷めるという直接的な関心よりも、むしろ学問の対象として熱中しているものへの心の痛みともいえるだろう（これは、歩道をグニャグニャと這いまわるナメクジや、高速道路をノロノロと歩いて交通の邪魔になる、不運なカメを見た時の苛立ちとほとんど違わないと思う）。別にここで精神分析をやろうと思っているわけではないが、このように考えれば考えるほど、立派な菌学者が声高に言うキノコ狩りの「真の」妥当性が、わからなくなってくる。

有名なイギリスの専門家のロイ・ウォトリングは、「一般にキノコを採ることは、代わりの子実体がすでに地下にいて、まさに出ようとしているのだから、その種にとって脅威ではない。先に大きくなった子実体を採ることは、気象条件の具合がよければ、ほかのものの成長を促すことになるだろう」[註8]と教えている。ほんとうかな。キノコも野生のキイチゴのように、植物体を少しも傷めずに、終いまで摘むことができる果実なのだろうか。この質問に対して大方の菌学者が出した答えは、驚いたことに確かな実験に支持された「イエス」だった。

スイスでキノコ採集に関する面白い一つの実験が行われたことがある。[註9]研究者たちは一九七〇年代に老齢林と、次いで一一〇年生のドイツトウヒ植林地の二か所で観察を始めた。彼らはキノコ採りが入ってこないように、試験区のまわりにフェンスを張り巡らし、自分たちで採集するか、もしくは踏みつける試験区を設け、さらに採集して踏みつける試験区と、何もしないで保護する試験区を設けた。採集用の試験区からは、すべての食用キノコが除かれた。また踏みつけを避けるために、地面から離した仮の通路が使われた。また、彼らは収穫方法の違いについて検討し、キノコを地面から引き抜く場合と、ナイフで首をかき切る（茎を切る）場合を比較した。スイスでの調査からは、三〇年にわたる調査期間が過ぎてから、採った試験区と採らなかった試験区の数値を比べてみると、食用キノコの種類の多さにも、それぞれの種の子実体数にも変化が見られなかったという。ただし、踏みつけは菌類にとってひどく有害で、子実体数が三〇～四〇パーセント減少したそうである。

この結果の解説には、微妙な解析が必要だ。踏みつけの影響は、繊細なキノコの菌糸体がよく太ったスイスの研究者に踏みつけられて、つぶれて死んだためだと考えることもできる。アメリカのオレゴン州でアンズタケについて行われた、同様の調査結果を見ると、踏みつけの影響はやはりひどかったが、その期間は短く、人が立ち入らなくなると一年後には、子実体の出方が回復したという。一つの可能性は、踏みつけると大きなコロニーは害を受けないが、キノコの原基（ウォトリングがいう代わりの子実体）がつぶされるためとも考えられる。ということで研究はさておき、さぁ、出かけて行って、支えているコロニーを傷めることはありえないと確信して、食べられるキノコを見つけ次第、どっさり採ってこよう。

そんなに急ぐなよ、モリアーティー教授。我々は手遅れになるまで、種の危機的状況を見逃していた記録を持っているのだ。キノコに対する私の考えは、一九世紀に中西部で起こった生物虐殺の記憶に影響されているように思える。私はかつて農場の上空が何百万ものリョコウバトの大群で暗くなるほどだったのを、時々想像してみることがある。一八五七年にオハイオ州議会の特別委員会が出した報告書には、「リョコウバトを保護する必要はない。大変繁殖しやすく、繁殖地としては北部の広大な森林地帯があり、今日はこちら、明日はあちらといったように、餌を求めて何百マイルも移動しているので、通常の破壊活動では数が減る恐れはなく、毎年生まれる無数のものが失われるにすぎない」とあった。[註10]一八五〇年代に甘やかされて育った、鳥撃ちを覚えた子供たちは、このハトの絶滅を目撃したはずである。キノコ類はハトと異なる繁殖方法を持ってはいるが、彼らも生殖行動と遺伝子の間にある、避けがたいつながりから逃れることはできず、未来に生きる楽しみを持っている。卵も、ハトも、胞子も、キノコも、大した違いはないのだ。

キノコの乱獲と規制

キノコが、それを形成する種を生み出すという点で、演じている役割は複雑である。間違いなく、キノコのコロニーは第1章で触れたようにして交配し、第2章で述べたように、無数の胞子を放出する。キノコは担子菌類の生殖器官だが、それを破壊する効果は実験的にジャワサイの雄をすべて、去勢したときほど明らかではないのだ。ここでジャワサイを取り上げたのは、この種がほとんど生き残っていないからである。哺乳類の場合、もしこんなことをしたら、サイは去勢から数年のうちに消えてしまうはずである。毎年あらゆる種類のキノコを徹底的にむしり取ったとしたら、いくつかの大きな強いコロニーを作る種は、しぶとく生き続けられるが、ほかのものはまもなく耐えられなくなってしまうかもしれない。コロニーの活性が高い部分で餌切れが起こったり、何らかの形で環境が悪化したり、攻撃的な菌や土壌生息性の捕食者に襲われたりして消えるかもしれない。キノコの生殖法と胞子の放出法は、このような攻撃に対する自然の緩衝材なのである。つまり異なった交配型のコロニーの融合は、キノコの群集の中に変異を誘発し、胞子からは新しいコロニーが出発する。交配と胞子の放出がなければ、遺伝的多様性は萎んでしまい、同系交配の種は急激な環境変化に過敏になってしまうのである。三〇年間キノコを採り続けたスイスの試験区画に変化がなかったのは、キノコを採らなかった区画からか、または中で育っている大きなコロニーから飛んできた胞子のせいだったのかもしれない。キノコ採りの影響について調べた研究例はわずかしかないが、要するにキノコを採っても害がないことを示しており、世界の各地で行われている、この種の過度の収穫の影響は見過ごされている。

アメリカの太平洋沿岸の北西部では、アンズタケの仲間（*Canthareḷlus*）やヤマドリタケ、マツタケ（*Tricholoma magnivelare*）（訳注：著者はマツタケに北米産の種名をあてている。日本産の種名は *Tricholoma matsutake*）などの途方もない量の収穫が大きな商売になっている（これらの種は巻頭口絵9に載せた）。ホタテガイのようなアミガサタケ属（*Morchella*）の子実体もなかなか高価なので、担子菌ではなく子嚢菌に属しているが、ここに入れておこう。

広域にわたって収量が把握されていないので、森林から採取される子実体の量が、何トンになるのかわからない。オレゴン、ワシントン、アイダホの三州で集計された一九九〇年代の資料を見ると、年間収穫量が二〇〇〇トン、価格にして四一〇〇万ドルに達したと推定されている。[註11] ほとんどの地域で、野生キノコは共生相手の林木よりも、価格の点でひどく低く見られている。[註12] 林産物の相対的価値は、アメリカマツタケがよく採れるところで見られるように、キノコによっては大きく変わる。なんと日本で売ると、このキノコの子実体は一本二〇〇ドル以上の高値になるという。[註13] 日本の料理人はいろんなやり方でマツタケを調理し、すき焼きに香りの高い子実体を加えたり、油で揚げて歯触りのよいてんぷらにしたりするのが日本料理の定番なのだが、日本でマツタケの国内生産量が過去一五〇年間で一〇〇分の一に落ち込んだので、アメリカからの輸入マツタケの値段が天井知らずになったという。[註14] この場合、少なくともマツタケ山については、キノコが材木と等価値だったといえるだろう。まとめると、キノコと樹木が必須な共生関係にある場合は、いずれのパートナーも離れては生きていられないということである。

現代のマッキルヴェインのような悪食は、この地域経済にほとんど何の貢献もしていない。というのは、アマチュア菌学者たちは自分が食べるためか、単にキノコ狩りを楽しむために採っているからだ。季節労働者というと、日の出から日の入りまで、骨の折れるキノコ採りをしている人のように聞こえるかもしれないが、生活が懸かっているキノコ採集は、彼らの手で行われているのだ。キノコ採りは許可証を発行して制限されており、これを買うことが先に触れた菌と樹木の価値を決める大事な物差しになっている。アメリカ北西部で働くキノコ採集人は、あらゆる民族的背景を持っているが、森林の外では長期間非就労状態にある人々である。東南アジアのモン族やミャオ族、ラオ族などの移民社会からやってくるキノコ採集人たちの行動が、しばしばキノコ狩りのニュース番組で取り上げられている。おそらく、それは彼らが秋の収穫時期に加わることが、この仕事に異国情緒を添えるからだと思うが、貧しい白人やメキシコ系アメリカ人たちも同じように、秋のキノコシーズンを森の中で過ごしているのである。このような経済的に追いやられた人々を巻きこんでいることが、キノコの収穫問題を政治課題にさせている理由の一つである。これはまた、キノコの商業的採集の持続性に関する問題が反感を買うか、多くの場合無視される理由になっているのかもしれない。[註15]

キノコの同定ガイドブックとして最もよく普及している、『Mushrooms Demystified（キノコの謎を解く）』[註16]の著者、デイビッド・アローラはキノコの採集権を強く擁護し、あえて収穫を制限する努力を批判している。彼はアメリカ西海岸地方における政策と、カナダやスカンジナビアでのキノコを採る「みんなの権利（野生生物採集権）」制度を比較している。[註17]ある同情的な評論家は、キノコ採集人を取り締まることを狙った管理・監督政策を、いわば「自分たち自身の意志にしたがって行動するよう」、民衆に強制できる「国家森林管理制度」による形だとみなしている。[註18]高速道路の速度制限についても同じことがいえるだろう。キノコ採集の制限に反対するものは、研究成果を持ち出して論理的根拠にしようとしているが、私は彼らが主張する人間行動の評価と、地域住民が自分たちで資源を管理する能力があると見る点には同意できない。ジャワサイなどのサイの類（生殖器の有無にかかわらず、密猟者がその角を狙っている）の場合は、密猟者を取り締まらなければ、早晩滅んでしまうのだ。

野生キノコブーム

採集制限の有無にかかわらず、アメリカの野生キノコの将来は、アジアの仲間に比べればバラ色である。中国は野生キノコを採る点で世界をリードしており、一〇年前の古い資料を見ても、国内産と輸入品を足すと三〇万八〇〇〇トンに上っている。[註19] ワシントン、オレゴン、アイダホ三州の生産量を合わせた二〇〇〇トンは、中国産キノコの山のような量のわずか一パーセントにも満たないのである。中国の森林面積がアメリカの半分にすぎないという事実からすると、中国人は徹底的に食用キノコを採った時の影響に関する、地球規模の大実験を行っていることになるのだ。

アジアのマツタケ（*Tricholoma matsutake*）は、中国では最も高価なキノコで、雲南省の山岳地帯で採られている（訳註：マツタケの産地は雲南省だけでなく、東北三省や中西部にもある）。二〇〇八年の記事によると、雲南省を訪れたアローラは、この地域で最も貧しいと思っていた村で、立派な家を見て驚いたという。[註20] マツタケの初秋の収穫量が経済的好況の源になっているのだ。このキノコは田舎の市場を離れるまでに、仲買人の手で数回売られて（アローラによると仲買人の大半は女性だったという）、日本へ輸出される。マツタケがよく出た年には、一〇〇〇トンを超えるマツタケが中国から日本へ送られるので、アメリカマツタケの収穫量が減ってしまう。[註21] 生活がかかっているので、よく出るマツタケ山へ入るために、村の間で争いが起こることも珍しくない。採取権をめぐる意見の不一致が、長期間にわたる法律上の争いや土地の奪い合いになり、殺人事件が少なくとも一件はあったという。[註22] 森へのアクセス権は万人の権利であるかもしれないが、キノコ山が誰に属するかはお茶を飲みながらの話し合いで決着がつくような問題ではないらしい。[註23] キノコ採りは自分の縄張りから獲物が盗まれたと気づいた時は、頭に血がのぼる。アメリカ人のキノコ採りに起こりがちな悶着が複雑なのは、中国人の同好の士と違って、銃を携帯する権利を持っている点である。私見ではあるが、それやこれや考えると、キノコに対する影響はほとんどないと証明されているが、ある程度の採集制限は必要だといいたい。

ご想像の通り、マツタケ以上に盛んなキノコ採りがある。北米やヨーロッパではアンズタケが高価な産品で、イタリアではポルチーニと呼ばれているヤマドリタケ（*Boletus edulis*）の取引が盛んだが、これは東ヨーロッパや中国、南アフリカなどでも収穫されている。ポルチーニはアメリカ北西部の太平洋沿岸地域からも、同じように輸出されている。地域市場で重要な商品になっているキノコには、アフリカやインドで売られている、シロアリと共生するシロアリタケ属（*Termitomyces*）のキノコや、東ヨーロッパで好まれているアカハツタケ（*Lactarius deliciosus*）などがある。マッキルヴェイン大尉はスッポンタケの仲間に入れこんでいたが、キヌガサタケが一世紀後に中国で乾物になって、高値で珍重されているのを知れば、きっと大喜びしたことだろう。[註24] アミガサタケのほかに野生の子嚢菌で取引されているのは、ニセアミガサタケの異名を持つシャグマアミガサタケや、昆虫の幼虫に寄生する冬虫夏草（*Cordyceps sinensis*）、食用キノコの中で最も高価なトリュフなどである。[註25] 冬虫夏草はヒマラヤ山中で乱獲されており、ヨーロッパのトリュフは担子菌のキノコをすべて集めた価格を上回るほどである。これらの子嚢菌の生活環は担子菌のものとまったく異なっているが、保全問題は共通している。彼らには胞子もキノコもないのだ。

消えゆく菌根菌

採取に対する感受性は、キノコの種類によって異なる。たとえば、カリフォルニア州のある地方で一種類ないし二種類の樹木と共生する菌根菌は、どこにでもいるアンズタケよりも感受性が高い。木の切り株を分解するキノコは、菌根菌よりも抵抗性はあるが、一種類の木材だけを分解する腐生菌は、菌根菌の仲間と同じように絶滅しやすいはずである。菌根菌は感受性が高く、腐生菌は低いという見方は間

郵 便 は が き

料金受取人払郵便

晴海局承認

8107

差出有効期間
平成30年 9月
11日まで

104 8782

905

東京都中央区築地7-4-4-20

築地書館 読書カード係

お名前	年齢	性別
ご住所 〒		
電話番号		
ご職業（お勤め先）		

購入申込書

このはがきは、当社書籍の注文書としてもお使いいただけます。

ご注文される書名	冊数

ご指定書店名　ご自宅への直送（発送料230円）をご希望の方は記入しないでくださ

tel

者カード

読ありがとうございます。本カードを小社の企画の参考にさせていただきたく
ます。ご感想は、匿名にて公表させていただく場合がございます。また、小社
新刊案内などを送らせていただくことがあります。個人情報につきましては、
ご管理し第三者への提供はいたしません。ご協力ありがとうございました。

入された書籍をご記入ください。

を何で最初にお知りになりましたか？
書店　□新聞・雑誌（　　　　）□テレビ・ラジオ（　　　　）
インターネットの検索で（　　　　）□人から（口コミ・ネット）
（　　　　）の書評を読んで　□その他（　　　　）

入の動機（複数回答可）
テーマに関心があった　□内容、構成が良さそうだった
著者　□表紙が気に入った　□その他（　　　　）

いちばん関心のあることを教えてください。

、購入された書籍を教えてください。

のご感想、読みたいテーマ、今後の出版物へのご希望など

合図書目録（無料）の送付を希望する方はチェックして下さい。
情報などが届くメールマガジンの申し込みは小社ホームページ
tp://www.tsukiji-shokan.co.jp）にて

違っている。山火事跡に大量発生するアミガサタケは、おそらく特化された樹木の病原菌よりも安全だとは思うが、この推論を立証した実験的データはない。踏みつけや採取よりももっと大切なのは、生息場所の破壊や大気汚染、気候変動などの複合作用がキノコに与える影響である。『サイエンス』誌に「消えるキノコ、もう一つの大量絶滅」という挑発的なタイトルの論評が出ていた。そこには、地球環境問題が菌根菌と樹木に、今までになかった生存の危機を与えていると述べられている。[註26] 採取について議論するよりも、このような大胆な意見を認めることこそ、国で出している絶滅危惧種のレッドデータブックに、キノコを加えることの正当性につながるのだ。たとえば、ブルガリアでは絶滅危惧種のリストに子嚢菌を含む総数二一五種のキノコをあげており、このうち三七種はきわめて危惧されるといわれている。[註27] スウェーデンの研究者が出した慎重な検討結果によると、ヨーロッパ全体で絶滅が危惧される菌類は三三種と考えられている。この中にはヒダや管孔のあるキノコや硬質菌の仲間、柄のあるホコリタケに似たケシボウズタケ属の一種、*Tulostoma niveum*、ちょっと太ったアンズタケのようなラッパタケ属の一種、*Gomphus clavatus* などが含まれている。[註28] 世界的権威とされている国際自然保護連合（IUCN）は変な風に慎重なのだが、シシリー島でグルメになっている、ヒラタケの仲間の *Pleurotus nebrodensis* を、一種だけ絶滅危惧種として挙げている。[註29] ところが皮肉なことに、このキノコが珍しいというので採取がより盛んになり、いっそう絶滅の危機に追いこまれているという。

キノコ好きとキノコ嫌い

楽しみとしてのキノコ狩りは、生活がかかっている場合とまったく異なっている。もちろん、一人当たりのキノコ消費量の大きさは、地域による手に入りやすさの違いと、野生の食品を文化的に受け入れる度合いに応じて大きく変化する。その点でいえば、ロシア人とイギリス人は対照的である。ロシア文学の中ではキノコ狩りがもてはやされ、田舎に暮らす住民は地上で最も熱烈なキノコ好きの中にあげられている。イギリス人は伝統的にキノコ嫌いだが、ここ数十年の食味の多様化にしたがって、国産品や輸入物でキノコ市場がにぎわうようになった。イギリス人による野生キノコの「発見」は、目立った害を伴い、仰々しい中毒のもとになったのである（第7章参照）。一六世紀の本草書『Herball』の中で、本草学者のジョン・ジェラードは「あるものは致死的で食べた人を殺すので、毒キノコ（tode stole）と呼ばれている」[註30]と警告している。ジェラードがいう、いわゆるマッシュルーム（キノコ）は食べられる子実体を指したものらしい。また、この用語は単一の種、すなわちハラタケ（*Agaricus campestris*）に限定して用いられていた。この言葉の使い方の元は、多くのイギリス人が中毒を心配せずに、採って食べられることを覚えた唯一のキノコが、ハラタケだったというわけである。ジェラードの語義に戻るが、その区別は的外れのように思える。というのは、食べられるハラタケの子実体が、有毒で黄色がかった近縁種、*Agaricus xanthodermus* にそっくりに見えることがわかっているからである。「これらの白い子実体は同じように見えるが、傷つけると黄色くなるものは毒キノコ（toadstole）で、そうならないものはキノコ（mushroom）である」というのは、あまり役に立たないが、正しい使い方の例である。[註31]

ジェラードの本草書『Herball』の初版は一五九七年に出版され、ピエトロ・アンドレア・マッティオリやマシアス・ド・ロベール、ジャンバティスタ・デラ・ポルタなどのルネッサンス期の植物学者たちの著作を含む、菌類の食毒について考察した少数の図鑑に肩を並べた。マッティオリとそれに続く著者たちは、ギリシャの医師で植物学者だったペダニウス・ディオスコリデスや同時代のローマ人、プリニウスからアイデアを借用している。当時の俗説を信じていたのか、プリニウスはヘビの息がキノコを有毒に変えるので、ヘビ穴の近くに生えているキノコは、避けるようにと忠告している。このような毒のある動物と毒キノコにまつわる迷信は二〇〇〇年もの間続き、現代の神話学の中でも、ある程度の勢力を保っているのである（第6章参照）。

キノコ図版剽窃事件

ジュール＝シャルル・レスクルーズ、ラテン名でいえばカロルス・クルシウスは菌類に強い関心を示した初期の研究者の一人だった。一五七〇年代にウィーンの皇帝マクシミリアンII世に招かれて植物学者として仕え、中部ヨーロッパでキノコ類を採集した。彼はこの採集旅行に一人の修道僧と水彩画家を伴った。研究者たちは、その水彩画家をクルシウスの甥のエザヤ・ル・ジロンだったと考えている。なお、採集記録の中に描いた彼の図は『Clusius codex（クルシウス全書）』として知られるようになった。[註32]マクシミリアンが死ぬと、クルシウスはウィーン宮廷の寵を失ったが、たまたまオランダのライデン大学教授に任命された。そこで彼の傑作になる、『Rariorum Plantarum Historia（希少植物誌）』と題した植物学のすべてがわかる本を準備した。この中のキノコの図版は、『クルシウス全書』に基づくものだったと思われるが、出版社が間違って入れたために、キノコの新しい木版画と入れ替えられた。クルシウスはライデンに「Hortus Botanicus」という植物園を設立したことや、チューリップの斑入り——実はウイルスによる色の変化なのだが——に関する研究でも名をあげた。彼の死後、この仕事に対する関心は一六三〇年代のチューリップマニアの間で絶頂に達し、チューリップ投機熱をあおることになった。[註33]ただし、彼の『クルシウス全書』は永遠に失われなかった。

クルシウスが葬られてから六〇年たって、フランシスクス・ファン・ステルベークが『クルシウス全書』を再発見した。フランドルの司祭でアントワープの貴族の出だったステルベークは、持病のため僧侶の勤めにつくことはできなかったが、植物学を習得する機会には恵まれた。一六七二年に植物学の同好の士からクルシウスの写生図を見せられた時の彼の反応は、「聖母マリア、なんと美しいことか。私はプラナリア程度の腕（訳註：ミミズがのたくるのに同じ）は持っているのだから、偉大な菌の研究にそれを使ってみよう」ということだった。たぶん、この文章はフランドル語の完璧な翻訳とは思えないが、ステルベークが仕事をし始めたのは、まさにこんなところなのだ。一六七五年に出版された彼の『Theatrum Fungorum（菌類劇場）』に載っている、出所不明の図版の大半は『クルシウス全書』から直接転写した銅版画を印刷したものだった（巻頭口絵10）[註34]。ほかの菌類の挿絵も、クルシウスやルネッサンス期の植物学者たちの著書から借用している。

一七世紀には図版を転写することが広く行われていたが、ステルベークはその上をいっており、図の大半は自分が自然のものを直接観察して描いたと主張していた[註35]。しかし、またもや『クルシウス全書』が二〇〇年もの間姿を消したため、彼の剽窃は捜査の眼を逃れていた。一九世紀に入ると、この本は再びライデン大学の図書館に姿を現し、今もそこにある。図版の出所にかかわりなく、ステルベークの著書はキノコの謎を解こうとする、まじめな最初の試みだった。アントワープに暮らすイタリア商人たちの活気にあふれた社会の影響を受けて、『菌類劇場』のフランドル人読者たちは、自分たちの料理に野生のキノコを採りこんで使うようになった。ステルベークはこの本を民衆のために書き、食毒の別を教え、菌類の医学的用法を紹介した。しかし、もしも『クルシウス全書』が二〇〇年間も消えたままでなかったら、歴史家たちがステルベークの菌学への貢献を伝えるのに、これほど多くインクを使ったとは思えない[註36]。

ステルベークの作品もまた、もう一人の伝説的な菌類図版収集家の餌食になった。その一つが中央イタリアの小都市アクアスパルタの公爵、フェデリコ・チェージ公が一六二〇年代に注文したものだった。アカデミア・デイ・リンチェイという科学協会を設立したチェージ公は、菌類の成長と生殖の研究が、生物の基本に関する謎を解くカギになると信じていた。ガリレオはこの科学協会のメンバーになり、新しい道具を科学協会の事務局長だったジョバンニ・ファベルに送り、菌類の研究が発展するのを助けた。なお、のちにファベルはこの道具に顕微鏡という名を与えた。クルシウスの作品同様、チェージのものも永久に失われたと思われていた。ところが、この場合は一八世紀にナポレオン軍がチェージの図版をイタリア人の所有者から奪い取っていたのだ。これは二世紀後にパリで、イタリア人研究者、アンドレア・ウブリツィ・サヴォアの手で再発見された。[註37]

フォーレイから菌学会へ

第1章で触れたように、菌学上の本当の天才で、初めて菌類を用いた実験を行ったのは、ミケーリだった。ミケーリの『Nova Plantarum Genera（新しい植物類）』は野外観察用ガイドブックとして書かれたものではなかったが、経験豊かなキノコファンなら、その記載と素晴らしい図版から、多くの種を同定することができるだろう。[註38] ミケーリがリンネの一〇〇年も前の人で、当然その著書の中では二名法が使われていなかったため、彼の種名のつけ方はひどく複雑なものだった。スッポンタケ（*Phallus impudicus*）の記載は“Phallus vulgaris, tortus albus, volva rotunda, pilcolo cellulato, ac fumma parte mbiloco pervio, ornato”となっている。博学多識な友人、マイク・ヴィンセントによると「普通のスッポンタケ、体は白く、丸い殻がある。きれいな部屋のある傘があり、その天辺が臍《へそ》のようになっている」だそうである。リンネは属名と種名を与えたが、ミケーリは生物の名前を見分けられる特徴でつづったのである。『新しい植物類』は一度も紛失したことはなかったが、ミケーリの研究はすっかり忘れられ、キノコの研究はさらに一〇〇年以上も棚上げされたままだった。

一方、キノコのリスト、または地域のキノコフロラはアメリカの二人の牧師、デイビッド・ド・シュワイニッツとモゼス・アシュレイ・カーティスなど、初期の菌学者たちの手で積み上げられていった。[註39]シュワイニッツは一八三四年に亡くなったが、彼の『Exotic Fungi（新奇なキノコ）』のコレクションはカーティスに引き継がれ、彼は牧師で菌学者だったイギリスのマイルズ・バークリーと協力して研究を進めた。バークリーの菌類に関する幅広い知識は時流に合わなかったが、彼の名はジャガイモ飢饉の微生物病原体を同定した実験によって有名になった。その発見は、ジャガイモ飢饉は神がアイルランド人に与えた試練だと信じていた、熱心なキリスト教信奉者の同僚たちの迷信を打ち砕いた科学上の大勝利だった。このジャガイモ飢饉の仕事を通して、バークリーは実験的菌学再生の主導者となり、この分野はさらに一九世紀中葉に興ったハインリッヒ・アントン・ド・バリーとその弟子たちによって広げられた（第1章参照）。バークリーは「ウールホープ・フィールド・ナチュラリスト（博物学野外研究クラブ）」の名誉会員でもあった。この一風変わった組織は、一八六〇年代にキノコ採集会をスポーツに見立てて設立したものだったといわれている。[註40]ここに、ある新聞記者が活動の様子を書いた記事を載せておこう。

「ウールホープ・フィールド・ナチュラリストクラブは、博物学の実践的研究のために設立された、最も古くて大きな地域協会だが、その本部はヘレフォードに置かれており、特に菌類の謎と菌食に注目している点に特徴がある。会員たちは毎年秋になると、『菌類採集会（フォーレイ）』と称するものに集ま

ってくるが、その時目にする熱狂ぶりは、会の開催地域に大きな興奮の渦を巻き起こしている」[註41]

この記事にはフォーレイの後に開かれる夕食会の模様が紹介されており、会員たちは互いに料理に出てくるキノコについて、蘊蓄《うんちく》を傾けていたという。

「これは覚えていてほしいことだが、ハラタケの仲間はどれも、どちらかといえば味が濃いので、食べるのはほどほどがよい。肉と一緒に食べるのは大きな間違いで、別の料理にするべきだし、これを食べながら飲むなら、ワインとしてはバーガンディーが最適といえる」といったように。

最近始めたばかりのペスクタリアン（訳註：魚介類だけは食べる菜食主義者）としては、肉類と一緒にキノコを食べるか、肉抜きで食べるか、それは人によって好き好きだが、私は手に入る限り上等のワインとキノコを一緒に味わうのがよいと断言できる。ウールホープ・フィールド・ナチュラリストクラブが始めたフォーレイは、ヨークシャー博物学連合にうけつがれ、一八九六年に英国菌学会（British Mycological Society）が設立されるきっかけとなり、その会員数は現在二〇〇〇人以上に達している。なお、姉妹関係にあるアメリカ菌学会（Mycological Society of America）は一九三二年に設立された。この二つの学会は菌類に関する研究の推進に貢献しているが、その元はキノコの採集と同定に根差している。

キノコを何だと思っているのだ

今日のキノコマニアがこの趣味を楽しんでいるのには、いろんな理由がある。台所を目指して採集や同定の腕を磨き、歩き回ることはキノコ狩りをする最大の理由だが、それに加えてコンピューターにしがみついているよりも、森の中で時を過ごすことで得られる心身両面の健康が期待できることである。[註42]

クラブの会員たちは、自分が採ったキノコを解剖して人に見せて説明し、善意のマニアたちは友人やカメラの前で、大きなキノコといっしょに、ポーズをとるのに夢中になっている。いわゆる民間芸術家たちは恥ずかしげもなく、木から出ている五〇年生のサルノコシカケを彫って、森の生き物をエッチングに変えてしまう。なぜ人は、キノコをほかの生き物とひどく違ったものと思うのだろう。手元にあるキノコの雑誌を開くと、地面から抜き取った巨大なヤマドリタケを見せている、中年女性の写真が巻頭を飾っている。傘は人の頭ほど大きく、彼女はまるで宝くじに当たったかのように、喜びをむき出しにして笑っている。なぜ、彼女はこのきれいな子実体を、そのコロニーと湿った土から引き抜いたのだろう。キノコは、ホッキョクグマのようなカリスマ性のある、大型動物と同じような尊敬を受けることはないのだろうか。私は尊敬しているのだが。しかしそれにしても、これほど美しく作られたものなら、ごみバケツの中で腐るという屈辱より、もっとましな処遇を受けてもよいはずなのだが。オーデュボン協会（訳註：アメリカの野鳥を対象にして始まった自然保護団体）の地域集会が終わったところで、世話人がきれいな声で鳴く鳥の卵が入った袋を、ごみバケツに放り込んでいる様子を想像してみたまえ。キノコと鳥のどこが違うというのだ。

第5章　ホワイト種とベビーベラ
——地球規模になったキノコ栽培

マッシュルーム栽培の始まり

管理人がスタートボタンを押すと、くぼんだ床の上に置かれたコンポスト菌床の上についている細いビームから出る光のスポットが、ひんやりとした小屋の暗闇を断つ。光線はそれぞれ、天井からぶら下がっているレールの台座に沿って滑るロボットの腕の先端から出ている。室内は突然活気にあふれ、腕が菌床に伸びて、白いマッシュルームの頭をゴム製のカップで吸い上げ、子実体をコンポスト菌床から回転させて持ち上げ、菌床の側を流れているベルトコンベヤーに落とす。キノコ生産コストのおよそ半分に当たる労賃からすると、この完璧な栽培工程は自動化の賜物である。イギリスの研究者たちが、自動摘み取り機を開発してきた理由の一つがこれなのだ。装置を動かすには大量の電力や潤滑油が必要だが、自動摘み取り機は給料いらずで、昼休みも取らず、絶対に文句も言わないときている。この労働組合員でない六台のロボットは、一週間に二〇〇万個のマッシュルームを摘み取ることができるが、その収穫量は安い賃金でだらだらと働く、くたびれた三〇人の仕事に相当するそうだ。[註1]

動物の糞でマッシュルームを栽培する方法は、ルイ14世の時にフランスで発明され、三〇〇年の間ほとんど変わっていない。堆肥が詰まった菌床から絶え間なく出てくる、何百万もの白いキノコと取り組む単調でくたびれる仕事に就きたい人は当然少なかった。しかし、財政危機に陥ったため、ほかのあらゆる種類の嫌な仕事よりはましだと思った人々が、マッシュルーム栽培に参入することになったといわれている。イギリス人牧師のウイリアム・ハンバリー師は、一七七〇年に出した園芸書の記事にマッシュルームを育てることについて以下のように書いている。

「菜園でマッシュルームを育てる仕事は、篤農家の間では当たり前のことになり始めている。栽培されたマッシュルームは、牧場から集めたものに比べるとずっと劣っているが、この方法には大きな利点があって、季節外れ、もしくは一般に野外で見かけない時期に手に入れることができるのである[註2]」

一八世紀におけるキノコの生殖過程に関する知識の混乱を反映してか、ハンバリーは子実体の下に種がたまって、土の中で原基ができると書いている。彼の栽培方法は野生のキノコのコロニーから、子実体原基の塊を注意深く掘り取ってくるやり方だった。この貴重な種菌は、発酵している馬糞とムギわらで作った菌床に植菌するために用いられた。ハンバリーが本を出す以前から、英仏海峡の両側の国の人々は、何世紀もの間まったく同じことをやっていた。彼が文章にした方法は、急激な人口増加と機械化の素晴らしい進歩に助けられて、イギリス農業における技術革命の大きなうねりを起こすきっかけの一つになった。水車の輪につながれたウマが落とす糞の堆肥でできた「Mill-track（石臼道）」種菌は、生産性が高いので評判はよかったが、生産者たちは「混じりけのない種」を喜んだ。これは栽培の途中であてずっぽうに取る方法だったが、「正しい種」のキノコが採れることが保証されていたので、菌床から菌床へ移した種菌よりも、よほど優れていると考えられていた。「正しい種」とは、マッシュルーム、すなわちハラタケ（*Agaricus campestris*）のことである（巻頭口絵11）。このキノコをめぐるイギリス人やフランス人の入れ込み方は、イタリア人のマッシュルーム嫌いに照らしてみると面白い。市場の監督官は「pratiolo」という、この野生のキノコが入った籠をテベレ川に投げ込んだそうである。[註3]

一九世紀のパリ市民たちは、マッシュルームの栽培事業を地下に移した。後にマッシュルーム洞窟として有名になる、放棄された石切り場に、ヘビのようにくねくねと曲がる堆肥の菌床が積み上げられた（図5.1）。第一次世界大戦前にはパリ郊外の地下で、およそ二〇〇〇キロメートルもある菌床が栽培されていたという。[註4]

栽培舎と種菌の開発競争

アメリカではクエーカー教徒の農民が、ペンシルベニア州でマッシュルーム栽培を試していた。ウィリアム・スウェインは、この事業に大成功を収めた一人だった。花卉《かき》栽培業者のスウェインは、温室の台の下でキノコを育て、温湿度をよい状態に保つため、遮光シートで囲ったという。その結果に確かな手ごたえを感じたスウェインは、花の栽培をあきらめてケネット・スクウェアに気象条件を最適に保てるキノコ用栽培舎を建設した。多くの資料から判断して、キノコの栽培舎を最初に建てたのはスウェインのようだが、イギリスとロシアで設計された同じような建屋のデザインが、一八七〇年代の雑誌に記事として掲載されている。[註5] マッシュルーム栽培舎の発明に関する議論はさて置き、アメリカのキノコ産業は東部のペンシルベニア州で盛んになり、栽培業者たちは常にフィラデルフィアから出る馬糞を使っていた。

フランスの科学者たちが胞子から種菌を作る方法の特許をとった一八九〇年代に、マッシュルームの

図 5.1　パリ郊外の地下にあった 19 世紀のマッシュルーム洞窟
W. Robinson, Mushroom Culture: Its Extension and Improvement（London: Frederick Warne, 1870）

栽培は飛躍的な進歩を遂げた。これによって品質の改良が可能になり、生産性が高く香りのよい特定の系統を選ぶことができるようになった。この「粉末種菌（flake spawn）」は最初パスツール研究所で作られたが、その後商品化され、フランスが長年にわたってマッシュルーム生産の主導権を握るもとになった。イギリスでは、対抗商品の「固形種菌（brick spawn）」が広く普及し、生産者たちはかなり小型の栽培舎や洞窟、放棄された鉄道のトンネルなどで栽培していた。この「固形種菌」は純粋な種菌を入れたコンポストをプレスして固めたもので、それを菌の接種に用いた。

アメリカでは種菌を輸入していたが、時間がかかる船による輸送や到着後の不適切な保管によって傷んでいたので、輸入種菌の評判はすこぶる悪かった。アメリカ合衆国農務省（ＵＳＤＡ）植物生産局で行われた基礎研究によって、一九〇五年には新しい種菌の製造法が提案され、国内での競争を助長した。生産者たちは、一つのコンポストの山から次のものへ種菌を移植するのには、限界があることをよく知っていた。理屈からすると、菌糸体が発酵している堆肥を食べて元気でいる限りは、菌が成長して子実体を作るように思える。ところが、そうは問屋がおろさない。「何でも、やがて勢いがなくなる」のだ。同様の自然法則は、実験室で寒天培地に育てた菌のコロニーを継代培養している場合にも認められる。移植を繰り返すたびに、コロニーは新しいゼリー状の寒天の表面に広がるが、遅かれ早かれ移植された菌はくたびれて、菌糸が若かった時よりも、かなり成長が悪くなる。時にコロニーが胞子を作らなくなることもある。キノコ栽培者も研究者たちも、自分たちの閉じ込めた菌が、いかに適当に自然を見習うか、少しも気づかなかったのだ。ＵＳＤＡはキノコが茎の細胞からできているという事実を利用して、問題に接近していった。子実体から細胞を切り取って、栄養源の入った培地に植えると、その細胞から新しいコロニーが生まれる（第１章参照）[註6]。このキノコの内部組織から作った種菌は、菌床から菌床へと受けつがれた種菌よりも、ずっと良い結果を生んだ。効果が上がる理由はわからないが、この一見不自然に見えるやり方は、どうやらキノコの細胞が異常に高い自由度を持っていることと関係があるらしい。キノコの細胞は活性が高く、発生的に未定の状態にあって、たぶん、我々の骨髄幹細胞に似たところがあるように思える。

フランス方式では、胞子から新しい種菌を作ることで、連続移植の弊害を避けていた。これは空中を浮遊する胞子が糞の多い牧場に着地して、キノコを作るコロニーになるという、ハラタケの自然のままの生活環に近い形なので、理想的のように思える。一方、USDAの方法は、アメリカのマッシュルーム生産者がヨーロッパの輸入種菌に頼ることなく、国内市場で購入できるようにするためのものだった。フランスは怒り狂ったが、それにもかかわらず、アメリカのマッシュルーム収穫量は、新しい種菌製法が導入されると急増した。ペンシルベニア州は国のマッシュルーム栽培をリードし、一九三〇年代にアメリカにおける生産量の八五パーセントを占めるまでになった。

あふれるマッシュルーム食品

一八七二年に出版された料理書の古典、『Common Sense in the Household（家事の常識）』の中で、著者のマリオン・ハーランドはマッシュルームについて「本物と偽物の区別がはっきりするまで、手を付けるな」と書いている。[註7]

ハラタケの同定について警告めいたことを言った後で、彼女はマッシュルームのシチューや焼いたマッシュルーム、ゆでたもの、マッシュルームソース（鶏肉やウサギ肉などの上にかける）、マッシュルームケチャップなどのレシピを書いて、食べることを勧めている。トマトケチャップの前身ともいえるマッシュルームケチャップは、一九世紀にはごくありふれた調味料だった。ハーランドのレシピによると、マッシュルームを三日間塩水に浸してから、ショウガ、ナツメグ、コショウを入れて五時間煮たてるという。マッシュルームケチャップを自分で作ってみるのも結構だが、一八三〇年来イギリスで製造されている、ジョージ・ワトキンス・マッシュルームケチャップ社の「マッシュルーム粉」（私は粉末にしたマッシュルームだと思っているが）を入れた類似品を味わうこともできる。イギリスの会社がマッシュルームケチャップをアメリカに輸出したために、ピッツバーグにあるハインツ社やほかの業者が出している国産品と競合することになった。二〇世紀に入ると、缶詰のマッシュルームが過剰に出回り、アメリカ市場は生産者が安い労働コストで利益を上げられる、ヨーロッパやアジアからの輸入品で飽和状態になってしまった。ペンシルベニア州の生産者たちは、鮮度の高いものの需要にこたえて生き残り、一九五〇年代に発足したアメリカマッシュルーム研究所の支援もあって、マッシュルームの消費量は確実に増加した。

Agaricus（ハラタケ属の食用キノコ）の世界総生産量は二〇〇万トンを超えるが、そのうち六〇万トンを中国産が占めている。[註8] アメリカは二番手の大量生産国で、四〇万トンに近く（大型タンカーに積めるほど）、価格も一〇億ドル近くになる。アメリカで生産されている商品の大半は、一一二の国内生産業者が雇った低賃金労働者によって収穫されており、生産量の半分はペンシルベニア州のたった一つの郡、チェスター郡からあがっている。[註9] フランスは今や四番目の生産国で、イギリスは九位と、アイルランドの下になっている。この莫大な数量のキノコは、牧場に出ているハラタケそのものではない。キノコマニアは自分で食べるために、今でももとになったハラタケを採っているが、その子実体はとっくに八百屋の店先から姿を消している。北京からケネット・スクウェアまで広がった栽培者たちは、飼いな

らされた *Agaricus bisporus*（訳註：和名はツクリタケだが、マッシュルームのほうが通用しているので、以下マッシュルームという）という近縁種を収穫しているのだ。いったい何が起こったのだろう。

スノーホワイト（白雪姫）の登場

たぶんヨーロッパのどこかだと思うが、マッシュルームがどこで採れたのか、元は何だったのかよくわかっていない。この種が世界的に受け入れられたのは、ハラタケを超える利点がはっきりしていたからにちがいない。初めは味の濃さが決め手だったかもしれないが、今の子孫たちの癖のなさに照らしてみると、奇妙な感じがする。もう一つの利点は、もともと病気に対して抵抗力があり、それに加えてできる胞子の量が少なく、おそらく浮遊するアレルゲン（胞子）に敏感なキノコを採る労働者の苦痛を和らげたことにあったと思われる。野生のハラタケと違って、マッシュルームはヒダから出ている担子器に胞子を二個ずつつけている（第2章参照）。多くのキノコ類では、担子器に四個の胞子がつき、それぞれに核が一つだけ入っているが、マッシュルームでは、胞子が二個できて、それぞれに二つの核が収まっている。この細胞学的には些細に見えることが、胞子が放出されて発芽したとき、重大な結果をもたらすのである。正常なキノコ類の若いコロニーは、元になった胞子が運んでいた、完全に同形の一核を無数に抱え込んでいる。すでに述べたように、新しい世代のキノコは、適合性のある一対のコロニーが交配したときにのみ形成される。ところが、マッシュルームの胞子が発芽してできたコロニーでは、すでに適合性のある二つのタイプの核が備わっているのだから、この過程を抜かすことができる。[註10] 要するに、それぞれの胞子が、次世代のキノコと胞子を作るのに十分な命令を携えた完成品を運んでいるということである。また、これは次世代のキノコの質が保障されているということでもある。可愛いボタンのような形をしたマッシュルームは、またそっくり同じものを作り続けているのだ。よそ者のセックス相手と面倒なやり取りもせず、時の流れにしたがって完全な処女懐胎から処女懐胎へと、つながっているのだ。

マッシュルームの性行動が進化の途上で消失したことは、農作物としては有利だったように思えるかもしれない。なぜバナナの味がいつも同じようになるのか、それは果物や野菜の大半が両親のクローンとして育っているからである。ただし、この種の品質管理は、流行病による壊滅的打撃を受けやすいことなど、同系交配からくる避けられない弱点を伴っているのである。[註11] ありとあらゆる病虫害が、極端に同系交配を続けた作物を傷めつけており、マッシュルームの子実体はウエットバブル病やドライバブル病、褐斑病、トリコデルマによる斑点病、クモノスカビ、マット病、アオカビ、プラスターモールドなど、病気を起こす多くの菌類に侵されている。ほかの菌類が雑草のように侵入して菌床を侵し、細菌はマッシュルームの傘に斑点や穴を作り、ヒダを溶かす病気の元になっている。また、同系交配したマッシュルームはウイルスや線虫、昆虫からも攻撃を受ける（訳註：これだけ多くの加害生物による攻撃を、アメリカではどうやって防いでいるのか、著者は触れていない）。しかしそのうち、変わり者のキノコが、コンポスト菌床の上の空気を読もうとして頭を出してくる。この突然変異体は斑点をつけていたり、傘にしわがあったり、傘の縁が裂けていたりするかもしれない。もしくは、今まで見たものに比べて真っ白で、わずかなシミもなく、成形美容で皺取りをした額の肌のようにぴんと張っているかもしれない。このような特徴を備えたマッシュルームが、一九二〇年代に発見され、「スノーホワイト（白雪姫）」、ホワイト種と名付けられた。[註12] このホワイト種以前に栽培されていたマッシュルームは、すべてブラウン種か、クリーム種だった。「白雪姫」が世の中をひっくり返してしまったのだ。このキノコはマッシュルーム産業の「フランス・ゴールデン・デリシャス」（訳註：ゴールデン・デリシャスは米国産の黄色のリンゴ）といったところで、その数えきれないほどの子孫たちが、傷のない多少味の薄い、安心できる商品を買い手に提供することになったのである。

マッシュルームの育種家たちは、性質を改良した交配系統を作出しようと、長い間努力を重ねてきた。このボタン型のキノコの異常な生活環が、この仕事にとってどうしようもない障害になり、これまではとんど成功例が見られない。育種家が使っている一つの方法は、通常対になったものよりも、核が一つだけの不稔性の胞子を分離培養するやり方である。この胞子から出たコロニーは、それが異なった両親の系統から出たものなら、交配させることが可能で、有用な特徴を備えた新しい変異体を生み出してくれるかもしれない。これがオランダでホルストU1とホルストU3と呼ばれている、二つの交配系統を作出するのに使われた方法で、今ではこの系統が世界中で栽培されているのである。[註13]

進歩する栽培法

マッシュルームの菌床が連続してキノコ発生に使われると、二番目や三番目の収穫では、ボタンの時に摘み取らないと、ヒダが茶色で傘も褐色の大きな子実体が出てくる。この大きな子実体は八百屋が興味を示さなかったので、キノコ採り労働者が家へ持ち帰っていたらしい。そのうち賢い商売人が、サラダ用の目新しい香りづけやニワトリなどの詰め物料理のかさ増し、ハンバーグのパテの代用品などに使うようになったという。[註14] この大きな褐色のキノコはポルタベラ（portabella または portobello）と呼ばれ、ペットボトルに詰めかえた水道水と同じように、今流行りの低カロリー食品として、キノコ産業の花形となっている。ポルタベラの大成功のおかげで、ここ一〇年 *Agaricus bisporus* の褐色の品種が注目を浴びている。ベビーベラ（訳註：アカチャンベラとでもいうのか）としても名が通っている、クリミニマッシュルームはポルタベラのもう一つの目玉商品だが、これは傘が開きすぎないうちに、早めに収穫されている。ちなみにボタン、ポルタベラ、クリミニマッシュルームはいずれも種は同じである。ポルタベラとクリミニマッシュルームが栽培方法や遺伝子の点で、基本的な改変もしないのに生まれたという事実は、これが素晴らしい商業上の成功だったことを物語っている。このキノコが異型交配による改変ではなく、自己増殖に強く限定されていたからこそ、元になった産品を再活用することができたといえるだろう。

商業的に成り立つ栽培系統の中で世界的規模の変異が現れないのは、伝統的な育種技術では新しい性質がまったく表に出ないことを暗示している。自然界における遺伝学的予測からは、もう一つの研究方向が見えている。ヨーロッパと北米では、*Agaricus bisporus* の野生のグループに関する研究が進められている。[註15] ただ、この仲間はひょっとすると菌根性かもしれない。というのも、いずれもこの仲間は特定の樹木や灌木の下で子実体を作るからである。たとえば、カリフォルニア州のモントレーでは針葉樹の下に、カリフォルニア州南東部にあるソノラ砂漠ではメスキートというマメ科の低木の下に、カナダ西部のアルバータ州ではトウヒの下に生えるといった具合である。これらの野生キノコのゲノムには、分子遺伝学的手法を用いて長期間コンポストに縛られていた系統を改変する、近縁の栽培種をより改良する能力があるはずである。ある研究者グループはマッシュルームの栽培種とカリフォルニア産の野生近縁種のゲノムを調べ始めている。商売に励んでいる栽培者たち以上に、バイオマス燃料の開発に携わっている研究者たちは、このゲノム研究、特にキノコが難分解性廃棄物を無数の豊かな子実体に変換できる能力に強い興味を示している。我々にとって、これは重要なベンチャー研究なのである。というのも、それが堆肥をピザのペーストに変えてしまうという、生化学的離れ業《わざ》の数少ない例の一つと思えるからである。

ほかのあらゆる農業技術同様、マッシュルーム栽培も自然の過程を活かした一つの試みである。私がキノコに入れこんでいるのは確かだが、栽培舎で育ったボタンマッシュルームが、大きな豚舎で太らされた工場産のブタと同じように、自然とは程遠いものだという以上に、室内で栽培されたマッシュルームを口汚く罵るつもりはない。現代の栽培法はパリの洞窟で使われていた元の技術と基本的には変わらないが、生産性はより安定しており、収率もかなりよくなっている。マッシュルーム用コンポストの作り方は国によって、また栽培舎によって異なっているが、一般にムギわらやイネわら、何らかの家畜糞などがコンポストの大半を占め、それにコーンコブ（トウモロコシの芯）などの植物性資材や石膏や消石灰、醸造かすなどの添加物が加えられている。このコンポストは山積みされ、好高温性細菌による発熱作用で熟成させるために、二週間ほどねかされる。山積みしたコンポストの内部温度は八〇℃まで上がる。次の工程で、このできあがった材料は燻蒸室（スチームルーム）にある木製の台の上に広げられる。コンポストを蒸気で蒸すのは、パスツーリゼイション（低温殺菌）という方法だが、これによって線虫や昆虫、病原菌などが殺される。この処理では、いくつかの微生物がそのまま残るが、彼らは種菌を植え付ける前に、コンポストからアンモニアを除くという必須の役目を果たしている。菌の成育過程を通じて、栽培室の温度や相対湿度、二酸化炭素などを注意深く調節することも大切である。さらに、コンポストの湿り気も大きな決め手になる。なお、近代的なマッシュルーム農場では、このような環境要因のほとんどが、コンピューターで制御されている。菌のコロニーが一二から二〇日間成熟すると、コンポストの表面にピートと石灰岩の粉の薄い層を敷きつめる。この「ケーシング（覆土）」によって、およそ三週間でマッシュルームの原基形成が始まり、全工程が終わるまでに三番採り、または三番出しまで採ることができる。ここでは細かな説明を省いたが、方法の基本部分についてはおおよそ紹介したつもりである。[註16]

キノコ栽培とアレルギー

マッシュルームは二〇世紀の大半を通して、アメリカの八百屋の店頭で売られていた唯一のキノコだが、栽培者たちはこの癖のないキノコは食べても安全だと、商店主に信じこませるのに苦労していた。今日の市場は、消費者の味覚の広がりを反映して大きく様変わりし、いろんな栽培キノコでにぎわっている。二番目によく売れているシイタケ（*Lentinula edodes*）は、その産出量の九〇パーセントが中国産である。一〇〇〇年前の宋代の記録には、木の丸太でシイタケを栽培すると書かれており、野生のものはそれよりずっと以前から食べられていたという。シイタケは「ブラック・マッシュルーム（訳註：シイタケの中国名は香菇が一般的）」と呼ばれ、仏教で有名な精進料理の大切な食材の一つである。また、中国の医者（漢方医）は、幅広い薬効とシイタケを結び付け、現代人はこの控えめな木材腐朽菌が癌や心臓病、不老長寿に立ち向かい、六〇代の日光浴愛好者に一〇代のモデルの顔の色つやを与え、多くの人に莫大な金をもたらす力があると主張している（これについては最後の章で触れる）。一四世紀の中国での栽培方法書には、シイタケのことを「良い香りのする菌（香菇）」としており、「シイタケ」はより新しい日本名で、シイタケの榾木《ほだぎ》になるブナ科のシイ（*Castanopsis cuspidate*）に由来する名称である。昔の栽培法によると、木を伐採して斧で丸太に切断し、その丸太を一年間土で覆ってねかせておき、その後で水をかけて棍棒でたたく。温暖な天候が続くと、たたかれた丸太からキノコが発生するという。原木栽培は今日でも行われている主要な栽培方法だが、古典的な中国方式でよく見られた、菌の活着の不安定さを避けるため、木栓にした種駒を「刻み煙草をパイプに詰めるようにして」小さな穴に打ち込むという。[註17]

植菌した丸太は六か月以上「ホダ場」に立てかけておかれ、それから水に浸される。棍棒でたたくことは、もはや奨励されていない。なお、このキノコはのこ屑といろんな栄養剤を混ぜて詰めたプラスチックの袋でも栽培されている（菌床栽培）。

おなじみのほかのキノコも、丸太に生える木材腐朽性の腐生菌である。この中にはエノキタケ（*Flammulina velutipes*）やヒラタケ（*Pleurotus ostreatus*）などが含まれている。ヒラタケは平たい肉質のキノコを作り、栽培者をひどく苦しめる原因になる、大量の胞子を撒き散らす。[註18] 胞子を吸った労働者は、明らかに外的要因による、免疫反応を示す呼吸器系疾患のアレルギー性肺胞炎を発症する。胞子を吸って数時間以内に、発熱や寒気、咳、息苦しさなどの症状が現れ、さらに長時間胞子を吸い続けると、より深刻な呼吸器系疾患に見舞われる。ほかのキノコを取り扱う人々も、このような「キノコ栽培者の肺疾患」とされる病気に悩まされているが、ボタンマッシュルームの場合は、傘が開いて胞子が飛ぶ前に収穫されるので、ほとんど問題がない。キノコ産業における肺疾患がきっかけとなって、ヒラタケの胞子形成を抑制し、アレルギー反応を起こさせない商品の作出を狙った、突然変異体の研究が注目され始めている。胞子がない場合でも、キノコ栽培者たちは栽培工程のあらゆる段階で、ほかの病気にかかる可能性がある。種菌が接種される前に、コンポストの中で繁殖する好高熱性細菌は、アレルギー症状を起こす代表的なものの一つである。マッシュルーム産業における病気のことを書いた、事典の中に出てくる特異的な名前は、「マッシュルームコンポスト作業員の肺疾患」である。もちろん、丸太に生えるヒラタケのようなキノコの場合は、問題にならない。

難しい菌根性キノコの栽培

世界中で栽培されている、何百万トンにも上るキノコの大半は、ヒダをつけたキノコである。例外はキクラゲ（*Auricularia auricula*）とその近縁種、およびシロキクラゲ（*Tremella fuciformis*）である。キクラゲはゴムのような茶色の子実体を作り、その下面から胞子を出す。アジアでは広く食べられており、ヒラタケ同様原木で栽培されている。収穫物はほとんど乾物として売られているが、その子実体は温湯に浸されると、すぐ元に戻る。シロキクラゲはノコ屑培地で栽培されており、白い半透明の皺の多い花びらのような子実体を作るが、これも乾燥して大きなビニール袋に入れて売られている。ほかのヒダではない組織から胞子を飛ばす栽培キノコとしては、北米でライオンのたてがみと呼ばれている櫛状になったヤマブシタケ（*Hericium erinaceus*）や森の雌鶏といわれているマイタケ（*Grifola frondosa*）、キヌガサタケ（*Phallus indusiatus*）および土に埋めた原木から出てくる、漢方薬として重要なマンネンタケ（*Ganoderma lucidum*）などがある。

すべての栽培種をざっと見渡してみると、数多くの面白い特徴があることに気づく。進化という観点からみると、これらの種は系統樹の上に散らばっている。ボタンマッシュルーム、シイタケ、エノキタケ、ヒラタケなどはすべて同じ分類群、ハラタケ目に属しているが、科で見るとかなり離れている。一方、キクラゲ、ヤマブシタケ、マイタケ、キヌガサタケ、マンネンタケなどは、ほかの目に属しており、シロキクラゲはシロキクラゲ目という孤立した分類群におさまっている。簡単に言えば、栽培種は広いタイムスパンの中で出てきた、複数の菌類群にまたがっているのである。一方、家畜はたった二つの分類群、鳥類と哺乳類から出ており、市場に出回っている赤味の肉は、蹄が二つに割れた仲間、いわゆる偶蹄目という一つの目から出ている（ブタ、ウシ、ヒツジ、ヤギなど）。ただし、栽培キノコの遺伝的多様性を、飼育された偶蹄類の場合と同等とみなすことには無理があるので、これはあまり意味のないことかもしれない。それでも、とにかく栽培キノコは、系統樹の上で大きく広がった枝から選ばれているのである。

自然界で、これらの種がしていること、またはしてきたことを考えると、この仲間にはあまり面白味がない。ほとんど例外なく、すべての栽培種が木材腐朽菌なのである。これらの菌が好むのは木質資材（原木、ウッドチップ、のこ屑、堆厩肥《たいきゅうひ》としてある程度分解されたもの）だが、それでコロニーを養って容易に繁殖できる点が共通している。湿度、温度、培地の中の窒素含量は重要だが、その最適条件さえわかれば、ごく簡単に成育をコントロールすることができる。ボタンマッシュルームは、野生の近縁種が菌根性かもしれないので、この中では例外かもしれないが、ワラと堆厩肥で十分成育している。この図式は、人気のある多くの野生キノコについては、まったく当てはまらない。彼らもまた、系統樹の上では散らばっているが、生きた植物や動物と関係を保って気難しい生活を送っている。たとえば、ヤマドリタケもそうだが、アンズタケやマツタケは菌根性で、アミガサタケは森林の樹木や灌木の根とつながっているとされている。[註19] アンズタケについては、ポットに育てた幼苗に接種して栽培できたことがある。初めてこの方法を報告した、一九九〇年代の論文を見ると、ポットの底にある排水用の孔から出た一本の子実体の写真が載っている。[註20] このポットからは子実体が五本しか発生しなかったが、著者たちはその方法が申し分のないものだから、いつかはマツタケなど、より高価なものに適用できると思ったようである。ヤマドリタケ（ポルチーニ、*Boletus edulis*）の子実体は寒天培地上でも発生するが、まだ一度も台所で評判になるほどには大きくなっていない。菌根性のものについては、本来の環境条件をほぼ完全に再現した場合にだけ、乗り越えられるという馴化の問題を示唆しているといってよいのかもしれない。[注21] ある意味で、熱心なキノコ栽培者なら誰でも、キノコの生息地の保全が、キノコを育てる唯一の方法だと承知しているはずである。自然のままが良いのだ。

菌根によるバイオリメディエーション

キノコの自然発生を促進することは、菌根性キノコの減少に対する対抗手段の一つである。一八世紀以来、子嚢菌のトリュフはトリュフ園で栽培されてきたが、黒トリュフのフランスでの収穫量は、前世紀の五パーセント以下に落ち込んでいる。[注22] この減少の原因はわからないが、主な原因は気候変動と思われる。現代の栽培者たちは、植栽前に特定の菌の系統を接種したオークの苗木に頼っている。自然生態系にある相手に頼らない限り、トリュフを栽培するという試みは、どれも望み薄なのである。キノコマニアがお気に入りの菌根性担子菌の収穫量を増やすために、同じようなことを試みた例を知らないが（訳注：著者はマツタケやショウロの林地栽培を知らないらしい）、菌と植物の本来の関係が破壊されてしまった荒れ地で、野生キノコの繁殖を促そうとするのは、価値のあることかもしれない。生産性の高い場所がゆっくり回復するために、菌と植物が共に働くというのは、バイオリメディエーション（訳註：生物による自然修復）の一例である。伐採跡地や鉱山で汚染された土地、化学工場の跡地、原発事故被災地などの環境が破壊された地域で、樹木の幼苗の生存に菌根菌を役立てる方法が、今いろんな角度から研究されている。石炭やその他の鉱物資源の採掘は、今私が住んでいるオハイオ州の主要産業だが、その企業が森林を破壊し、もとは魚がよく釣れた流域を干上がらせて、ひどく汚染された荒野に変えてしまったのだ。州の東端にある山頂からの露天掘り鉱山は特にわかりやすい例だ。ひどく効率的に環境を破壊する露天掘りは、アパラチア山地の石炭採掘会社をその利益の高さから夢中にさせ続けている。

いったん鉱物資源が運び出されてしまうと、自然は山や川などにかかわりなく、失われたエデンの園を再生しようとして働くが、月の表面より少しましな地面に落ち着くまでに、樹木の幼苗は苦しい時期を過ごさねばならない。このような環境でも菌根菌を接種した幼苗は、まるで手品のように見事に育ってくれる。なぜなら、おそらく菌のコロニーが汚染土壌に広がり、わずかな栄養を探し求めて樹木に送り、その生存を助けてくれるからである。

皮肉に聞こえるかもしれないが、ありがたいことに、このことについてはワシントン州にある「Fungi Perfecti 社（訳註：かつて不完全菌類のことを Fungi imperfecti と称したので、それをもじってつけた社名だろう。完全菌とでもいうのだろうか。以下、完全菌社という）」の社長、ポール・スタメッツが先行している。彼は景観修復に菌類を用いることを表す「マイコリメディエーション」という用語を提案し、河川や湖沼、海などに流入する前に地下水を浄化するために、菌のコロニーの能力を活用することに「マイコフィルトレーション」という造語を使った。[註23] 樹木を助けるだけでなく、菌のコロニーには汚染土壌から有害物質を除く能力があるともいわれている。ある実験によると、ヒラタケの菌糸が重油で黒くなった土壌に育ち、一か月でヒラタケのコロニーが炭化水素の大部分を分解し、土の塊の上でキノコを作ったという。

ポール・スタメッツは生ごみでキノコを栽培することでもよく知られた熱烈なキノコ信奉者で、広い意味でキノコが強欲な人類の活動の結果行き着いた、生態系の大崩壊から地球を救う力を持っていると信じている。私は、コーヒーかすや彼自身の本のコピーなど、変わった材料でキノコを栽培する話に次々と驚かされている。[註24] 今や多くの農業・農産廃棄物でキノコを育てる面白い話が、巷にあふれるようになった。菌類は偉大な還元者として進化し、複数の種がほとんどあらゆる自然物の上だけでなく、多くの化学合成品の上でも育つことができる。イネわらのキノコともいわれている、白い大きなフクロタケの学名は *Volvariella volvacea* だが、この菌はワタの種やアブラヤシの搾りかす、パイナップルの外被、バナナの葉、その名（straw mushroom）が示すとおり、イネわらなどで育つことができる、際立って適応能力の高いキノコである。フクロタケは多くの東アジアや東南アジアの国々で栽培され、缶詰にして輸出されている。なお、次章で触れるように、生の子実体はタマゴテングタケ（*Amanita phalloides*）やその近縁種に似ているので、アメリカのアジア系移民が母国の美味しいキノコと間違えて中毒することがある。

セシウムを集めるキノコ

このように、いろんな資材に生えるキノコが食べられるということも、よく考えてみる必要がある。悪臭のする馬糞を積んだ湯気が立っている山から出ているキノコを食べると思うと、食欲が減退するかもしれないが、健康上まったく問題はない。チェルノブイリの近くの森からキノコを採って食べるのとはわけが違うのだ。キノコの菌糸が伸びる土壌の範囲が広いということは、森林の中に拡散している放射性物質を吸収し、濃縮して蓄えることができることを意味している。多くの研究者たちがヨーロッパのキノコについて、放射性セシウム１３７（半減期三〇年）のレベルを測定し、原子炉の崩壊によって出た放射性降下物の影響を受けた地域で、濃度がかなり高くなっていることを認めている（訳註：日本でも二〇一一年以降、キノコ、特に菌根菌へのセシウムの大量集積が認められている）。もっとも、キノコの種によって放射能の強さに大きな違いがみられ、汚染のパターンもきわめて複雑である。ある専門家はベラルーシから放射性物質を持ったキノコを輸出するのは心配だというが、ほかの人は健康に対する影響を気にする必要はないともいう。[註25] ある研究結果によると、放射性核種の濃度が最も高かったのはキノコのヒダだそうだが、キノコが放射能を持った胞子をどれほど出しているのか、大変気がかりである。[註26] 放射性同位元素の胞子への移行は、放射性物質をたやすく吸い込める微小粒子へ動かす、一つの効果的な輸送システムとなって働くはずである。

ウクライナやベラルーシの最も強く汚染された地域に暮らす人々が、野生キノコを採って食べ続けているという事実は、それが文化的に重要なことを示している。しかし、キノコはそれを集める努力に見合うほどの栄養価をほとんど持っていない。カップ一杯のキノコは一五カロリーで、レタスの一皿分にもあたらない。レタスなどの緑色野菜同様、キノコの九〇パーセント以上が水で、残りわずか一〇パーセントがタンパク質と不溶性の繊維の形の含水炭素なのだ。ちなみに、脂肪の含有率はゼロに近い。ビタミンやミネラルの混合物の量もわずかで、キャベツやメキャベツのほうがよほど多い。キノコがどれほど消化されるのかわからないが、タンパク質と繊維でない含水炭素の大半は消化吸収されていないと思われる。[註27] このため、カロリー数がわずかなので、キノコの栄養価を過大評価することになったのだろう。もちろんカロリーが大事なのではない。ウクライナやベラルーシの人々のようなキノコマニアは野生種の風味や香りに惹かれ、あまり大胆でない人々は、さえないボタンマッシュルームの歯触りを楽しんで、飢えを癒やす食べ物にはならない欠点を許して、満足しているのだろう。

第6章　タマゴテングタケと肝機能不全
——毒キノコとキノコ中毒

キノコは人のようだ。悪い奴ほど、巧みにいい子ぶっている。

ポール・ガヴァルニー（一八〇四—一八六六）

著者のつぶやき

昨年の夏、私はこらえ性のない若者の常で放り出していた『白鯨』を、夢中になってさっと読んでしまった。過去に書かれた優れた小説を、菌学の本で引き合いに出したわけは、自ら望んで自然の犠牲者となった、人間について話したいからだが、それはまたキノコ中毒という現象を調べる、一つの方法でもあるように思える。ここで少しメルビル（訳註：『白鯨』の登場人物）に話を戻すと、小説の終わりのほうで、神を恨んで気の狂ったエイハブ船長は——エイハブは架空の人物で実在していない——自分の銛についていたロープにからめ捕られて、哀れなモビーディックによって海の中へ引きずりこまれたとされている。読者のほとんどは、この結末にほっとしたことだろう。同じ伝で、サメがサーファーを半分食いちぎったり、ヤマネコがハイカーの腸を引きずりだしたりする場面を読むと、時々私も「おぉ、やった」と思うことがある。情けないことに束の間、このニュース種は、個人的に自然破壊に完全に加担しているという、私の罪悪感を和らげてくれるのだ（ただし、この犠牲者にまったく関係がない場合に限ってのことだが）。自分の情け深い性質に守られて、私は今まで一度もウイルス病の大流行や人食いバクテリアやキノコ中毒などにワクワクしたことはない。この感情的な反応の違いは、眼に見えるカリスマ的な捕食者に、人類が長い間なじんできたことの反映なのかもしれない。一方で我々は目に見えない殺し屋のことを承知しながら進化してきたわけではない。このような歴史的背景のもとで、病原菌や毒素に感情移入するのは無理だが、アジアの料理鍋から逃れたサメは、世界的に恐れられているのだ（もちろん、サメがフカヒレスープを食べる人よりも、サーファーを食いちぎるのは哀れだが、これはどうでもいい話だ）。したがって、私は自分が受けた科学教育のせいで、キノコ中毒を明らかに自然選択力の一例と考えているので、生物としてのキノコをこのような視点（図6.1）でとらえるつもりは少しもない。

「黄色い騎士」とニセクロハツ

さて、話を二種類のキノコから始めるとしよう。これらを食べると、言語障害や激しい背中の痛みに続いて、筋肉組織の破壊（中毒した人の尿を赤褐色に変える）を経て、昏睡状態になり、ついには心不全で死ぬといわれている。簡単に書いた症状からして、中毒の元になるものを夕食の席に勧めるわけにはいかないが、その昔このキノコはどちらも食べられると思われていた。一つはヨーロッパや北米にあるキシメジ属の一種 *Tricholoma equestre* で、アメリカでは「馬に乗った男」、または「黄色い騎士」と呼ばれている（訳注：子実体が黄色で、形もキシメジ〈*Tricholoma flavovirens*〉に似ているので、日本

図 6.1　G. A. Battarra, *Fungorum Agri Ariminensis Historia*（Faventiae: Typis Ballantiantis, 1755）の口絵の一部拡大図

上のリボンの見出しを訳すと「キノコは見るだけで食べない」と読める。また、フクロウとオオヤマネコを並べて、思慮深さと勘の良さの象徴としている。最も古い学会として有名なアカデミア・デイ・リンチェイは、オオヤマネコの名にちなんだもので、ロンドンの王立科学協会よりも 50 年前の 1603 年に、イタリアのアクアスパルタ公、フェデリコ・チェージによって設立された。チェージ公はキノコの成長と生殖を研究すれば、生命の基本的な謎をある程度解くことができると信じていた（彼はきわめて見識の高い人物だった）。ガリレオはリンチェイの会員になり、アカデミーの事務局長、ジョバンニ・ファーバーが名づけた「顕微鏡」という新しい道具を寄贈して、菌類の研究に貢献した。

では一時同種とされたことがある)。もう一つはアジアにあるニセクロハツ(*Russula subnigricans*)である。[註1]

「黄色い騎士」はドイツ語では「Grünling」、フランス語では「chevalier(女性騎手)」、(よりふさわしく)「カナリア」というが、太い黄色い茎と黄色い傘とヒダを持つ、しっかりしたキノコである(巻頭口絵12)。例のマッキルヴェインはニューヨーク州で見つけたものに関心を示さなかったが、その後に出された北米やヨーロッパのキノコガイドブックの著者たちは、食用になると勧め、『ピーターソン・フィールド・ガイド』には「一般に食べられている」とある。三冊の手軽なキノコの本には、「美味しい」「上等の食用菌」「繊細な味がある」と書かれ、『コリンズ・フィールド・ガイド』では、可食プラス2となっている。[註2] キノコと騎士がどう結び付くのか、その語源はわからないが、なんとなくこのキノコは庶民が食べるには立派すぎるので、貴族のために残しておこうとしたとも考えられる。[註3] 解説に照らしても、ガイドブックの著者たちが読者を中毒させようと思っていたはずがないのだから、大衆は長い間このキノコを喜んで味わっていたのだろう。キシメジ属のこのキノコは、ことのほかフランスに多く、マツの木と菌根を作って共生している。安全だと思われていたのに、一九九〇年代に入ってから、フランスのボルドー地方などで、一二人がこのキノコを食べて入院した。中毒患者の症状の経過は、驚くほどよく似ていたそうである。[註4] すべての患者が少なくとも三食続けて同じキノコを食べ、その後すぐ脚の筋肉の衰えや筋肉痛を訴えた。数日すると麻痺が進行し、筋肉が衰弱して尿が茶色になり、顔も赤くなった。血液検査をすると、筋肉の分解を示す、血漿クレアチンキナーゼという酵素の活性レベルが上昇していた。患者の脚の筋肉から採った組織検体は筋原線維(筋肉の繊維)が「つつかれた」ように見え、筋肉の繊維の間にポケット状に水がたまっていたという。患者のうち九人は回復したが、三人は呼吸困難と高熱、腎不全、心臓血管の破壊が進んで死亡した。司法解剖の結果、背中と腕、横隔膜、心臓などに傷害が認められた。では、このフランスグルメのキノコは、いったい何をしでかしたのだろう。

医者や研究者たちは、キシメジに似たこのキノコから採った抽出物をマウスに食べさせる実験を行い、クレアチンキナーゼの活性が上昇するのを確認した。処置されたマウスも同じように呼吸が早くなり、動きが鈍くなって下痢をしたが、組織検査をすると筋肉組織の破壊が見られたという。マウスと人の診断結果は、いずれも横紋筋融解症、つまり筋肉繊維の融解だった。マウスは人間が三日間で生のキノコを三キロ食べるのに等しい量を摂取させられていたのだから、人間はげっ歯類よりもこのキノコの毒にかなり敏感だということになる。二つの哺乳類で見られたキノコの摂食と筋肉障害との関係は、否定しようもなさそうである。一〇年たっても、この中毒の原因になる毒素が何か、誰も確かめていないが、同じ効果を示す可能性のある分子が、アジア産毒キノコのニセクロハッツから分離された。

ニセクロハッツが食用キノコとして売られたことは一度もないが、キノコマニアが誤食して中毒した例が、一九五〇年代以降記録されている。なお、日本では七人の死亡が確認されている。[註5] その中毒症状は *Tricholoma equestre* の場合に似ているが、かなり早く始まり、食べてから数分で言語障害と痙攣に見舞われるという。日本の化学者たちはニセクロハッツの毒素を、2-シクロプロペンカルボン酸という炭素を四個持った活性の高い化合物と同定した。[註6] これは体重一〇〇キログラム当たりの致死量（LD_{100}）が二・五ミリグラムの毒素である。自然界にはもっと強い有毒物質もあるが、一グラムのニセクロハッツの毒があれば、ダンプカー一台分のマウスか、恰幅のいい弦楽四重奏団を片付けるのに、十分間に合うだろう。

あいまいなキノコ中毒

このような筋肉の中毒症が、なぜまれに起こるのか、まったく理解しがたい。もし、このキノコがめったに見られない種だとしたら、今様のキノコ採りの冒険心のせいかもしれない。しかし、それにしてもヨーロッパ人は何世紀もの間、「黄色い騎士」を食べていたのだ。フランスの犠牲者たちは、何日もこのキノコを食べ続けたために、おそらく筋肉中の毒素のレベルが、食事のたびに上昇していったのだろう。なお、過去にも同じことをしていたはずだが、このキノコによる中毒事例の記録はない。一つ考えられることは、このキノコの際立って毒性の強い変種が、ここ数十年の間に広がっていることである。アジアのニセクロハツによる中毒は、もっと以前から知られていたが、京都地方に集中発生しており、ほかの地域で採った子実体は安全らしい（訳註：必ずしもそうではない）。コロニーごとの遺伝的性質の違いが要因の一つと考えられるが、土壌や気候条件なども毒素の生産に影響を与えているのだろう。毒性の地域差は、ほかのキノコについてもいえるが、誰が好んでそれを試してみたいと思うだろうか。さすがのマッキルヴェインでも、これには腰が引けるだろう。

キノコ中毒のあいまいさに加えて、フィンランドの研究者たちは、一般に食用とされている野生キノコには筋肉にかかわる毒素が含まれていると報告している。[註7] 研究者たちは普通の餌にキノコを混ぜて、メスのマウスに食べさせてこの結論に至ったという。別のマウスのグループには、アンズタケの粉末、ベニタケ属のキノコ、イグチ類、ニンギョウタケモドキ（*Albatrellus ovinus*）という硬質菌などを食べさせた。餌に加えたキノコの種類に関係なく、多量の水を飲んだマウスでは、キノコ好きの人にはよいことに思えるが、コレステロールの値が下がった。しかし困ったことには、クレアチンキナーゼという酵素のレベルが上昇した。クレアチンキナーゼの急上昇は、横紋筋融解症のしるしのはずだが、顕微鏡で見たマウスの筋肉組織は正常に見えた。続報で同じ研究グループは、ボタンマッシュルームやシイタケ、ヒラタケなどを食べさせたマウスに同様の現象が認められたと報告した。[註8] 彼らはシイタケが本当に「調べたキノコの中で最も毒性が高く」、筋肉傷害の生化学的徴候に加えて、肝臓障害が出るという結論に達した。

額面通り受け取ると、この発見は大変気になる。私は、この研究報告を読んだキノコ栽培業者たちが、喜ばないというほうに賭けてもよい。フィンランド人の研究で問題になる点は、マウスに投与された量が途方もなく多かったことである。一〇〇グラムという量を人間の場合に当てはめると、一日当たり四・五キログラムのキノコを五日間食べ続けるという、まったく吐き気を催すほどの量なのである。[註9] このことは、いつもキノコを食べている本書の読者諸氏が、害をこうむることはまったくありえないということなのだ。この結果は、まだ別の意味で心配である。というのは、いろんな種類のキノコが、規制されない薬品（健康食品と称してあたりを軟らかくしているが）として、濃縮された形で消費され、性欲の減退から末期癌までの治療薬として市販されているからである。キノコを大量に用いた処方による中毒拡大の可能性は、その製品の製造業者、販売業者および消費者のすべてにかかわる問題だといえるだろう（この点については、第8章の医薬用キノコのところで触れることにしよう）。このような心配から、研究者たちは、自分たちの実験でキノコをたくさん食べさせたマウスは、コレステロールのレベルが健康的な状態になったが、大きな医療効果が期待されるキノコの医薬は、同時に強い毒性と重なると報告している。

この研究に見られるもう一つの面白い特徴は、キノコをあまり食べなかった少数のマウスでは、血漿クレアチナーゼ活性がまったく増加しなかったことである。キノコが作った化合物に対する、個体の生理的反応に違いがあるのは当然のことである。研究に用いられたマウスは多少とも遺伝的に異なっており、年齢だけでなく研究開始前の健康状態についても、かなり違っていたはずである。キノコを食べた人の場合も同じような違いが現れ、食べたキノコの量や一緒に食べたり飲んだりしたものの種類や量、症状が現れた時の処置の仕方など、種々の要因と重なって、毒キノコにあたった時の症状に影響が出たと思われる。フィンランド人の研究の中で最も注目すべき点は、担子菌類に含まれる有毒キノコの分布調査を促したことだった。その結果、信用できるガイドブックの中に書かれているよりも、ずっと多くのものが有毒らしいということになった。「繊細な味がある」ものから有毒のものを判別することは、その菌が毒素を生産するかどうかというより、むしろ害を与えるに足る量の毒素を作れるかどうかにかかっているようである。さらに、ニセクロハツとキシメジに似た毒キノコを扱った研究結果からわかったことは、特定の種を食べた時の危険性は、地域によって変わりうるということだった（訳註：スギヒラタケやコガネタケの場合などでも知られている）。これがすべて、キノコを同定する専門家の能力によるといえるのだろうか。実はここが重要な問題点なのだ。というのは、スコットランドで最近発生したキノコ中毒の恐ろしい結果が、一部で分類の専門家が少ないせいだといわれたからである。この災難の犠牲者はベストセラー作家夫妻とその友人たちだったが、彼らはアンズタケの畑だと思える場所を見つけたのだった。

フウセンタケが危ない

ウエブキャップ（訳註：クモの巣がついているような傘）と呼ばれるフウセンタケ属（*Cortinarius*）の仲間は、どの属よりも格段に種数が多い。種数については議論の余地もあるが、現在の数値は確かにかなり少なめで、専門家たちは二〇〇〇種以上あると言っている。第3章で、記載されているキノコの種数は一万六〇〇〇種だといったが、それからすると八つに一つはフウセンタケの仲間ということになる。これでもわかりにくいようなら、キツネザルやロリス、ガラゴ、メガネザル、サル、類人猿など霊長類の種に対して、五、六種の異なったフウセンタケがあると考えればよい。この仲間の通称やラテン名は、開く傘の下の若いヒダを覆う、ガーゼのようなシートを形作っているベールのことを指している。これは傘が大きくなるにつれてちぎれて離れ、いくつかのフウセンタケでは、茎の上の方に筋状になって残るが、ほかのものでは跡形もなくなる。この属の菌はすべて菌根性で、針葉樹や広葉樹と共生している。色はさまざまで、ショウゲンジ（*Cortinarius caperatus*）やムレオオフウセンタケ（*Cortinarius praestans*）などは食べられるが、ほかは致命的である。危険なフウセンタケが作る毒素は、ニセクロハツの筋肉を傷める毒素と同じではない。それは腎臓小管を壊し、肝臓を傷つけて腸を破壊する。もし、諸君がフウセンタケなら別だが、こんな毒素はとてもお勧めできる代物ではないのだ。

ところで、ニコラス・エヴァンスという流行作家に話を戻そう。彼の名前が浮かんでこない人は、ウマに話しかける人のことを書いた、彼の本をもとにした「モンタナの風に抱かれて」という映画を思い出してほしい。私はエヴァンス氏のほかの作品は知らないが、この映画の収益が一億八七〇〇万ドルだったと聞いて以来、キノコのことを書いている大学教授よりも、よほど金持ちなのだと思うようになった。さて二〇〇八年のこと、エヴァンス夫妻は義理の弟のサー・アラステア・ゴードンカミングス夫妻と一緒にスコットランドにあるゴードンカミングス家の領地でキノコ狩りをしたと思ってくれたまえ。彼らはアンズタケの仲間だと思い込んで、最も恐ろしいフウセンタケ、*Cortinarius speciosissimus* を採って、その収穫物を調理して食べたという（巻頭口絵13）。四人は翌日体調が悪くなり、田舎の病院に収容されたが、スコットランド北東部のアバディーンにある腎臓病センターに移された。彼らは血液からキノコの毒素を除くために人工透析を受けて、サー・アラステア夫人は回復したが、ほかの人たちは腎不全に陥った。二年たってもエヴァンス夫妻とサー・アラステアは毎週人工透析を受けており、男性二人は腎臓移植手術を待っているという。[註10]

サー・アラステアとその妻は、野生のキノコを食べるのが楽しみで、自分の屋敷林で採った子実体を時々図鑑で調べていたそうである。アンズタケとフウセンタケの違いは、傘の下を見てよく知っている菌学者には明らかだが（フウセンタケの薄いまっすぐなヒダと異なり、アンズタケのヒダは畝のようである）、以前とまったく同じ場所で、同じ大きさの色や形をした食べられるキノコを採ったことがある人は、往々にして間違えやすい。サー・アラステアは自分たちの危機的状態について『*Scotsman*』誌のインタビューに答えて、「あの時、どこか違うなと思ったんだ。義兄と私にとって間違いの代償は、かなり悲劇的なものになってしまった。だけど、ともかく、まだ我々は生きているんだよ。人はいずれ死ぬものなのにね[註11]」。

大切な可食・毒の判定

これはスコットランドでここ三〇年の間に起こった、*Cortinarius speciosissimus* による中毒について記録として残された最初の例だが[註12]、著名な作家がかかわっていたこともあって、メディアの関心も高かった。これが話題にのぼった時期に、イギリスの菌学者たちがほぼ同じころ、キノコの同定に関する専門知識が全国的に不足していると警告したことに照らしてみると、興味深いものがある。[註13]イギリスに限らずどこの国でも、キノコやカビの種の同定方法を心得ている、菌学者の就職先はあまりにも少ないのである。キノコの同定は息の長い仕事で、その腕を磨くための習練に対して、大学や資金援助機構は支援を渋りがちである。世界中を見渡しても、政府機関は菌類分類学の専門家をほんのわずかしか雇っておらず、その大半は農業分野の植物病原菌の専門家である。私も時々オハイオ州やペンシルベニア州で開かれる菌類観察会で教えているが、自信を持って見分けられるのは、ありふれた種類だけである。知り合いの専門家のほとんどが、この分野では私と似たり寄ったりのようだ。研究資金難にもかかわらず、同定に関する知識はまったく消えたわけではない。アマチュア菌学者たちは豊かな経験に頼って、種を見分けるために子実体の微妙な特徴を見分け、同定技術をみがいているのだ。友人のマイケル・クオはイースタンイリノイ大学で英語を教えている、熱心なアマチュア菌学者である。ここにマイケルが書いたベニタケ属のキノコとの出会いの様子を引いておこう。

「ベニタケ属のキノコを同定しようとするとき、調べるものがいろんな成長段階を示している、少なくとも三種類の標品に取り組む必要がない場合は、(このキノコについて、際立ってはっきりした何かがなければだが)、それほど悩むことはない。私は客観的であろうとして、傘の表皮がどこまで剥けるか、胞子は部分的または完全に網目状かどうか、といったばかばかしいほど細かな特徴まで、力の及ぶ限り注意深く記録する。これをやっている間、これが仕事に役に立つのか立たないのかと、ずっと大声で呪わずにはいられない。ともあれ私はカギを見つけて記載し、それから同定にとりかかる。しかし、それぞれの特徴が一、二の点ではっきり相異したりして、三つか四つの種になる可能性にたどり着くだけで終わることが多いとわかっているので、あまり期待しないことにしている[註14]」

マイケルのウエブサイトMushroomExpert. comの見出しには、自慢たらしい様子は少しも見られないが、キノコの同定について、彼に匹敵するライバルはほとんど見当たらない。彼に見られるような種についての知識不足は、様々な理由から厄介な問題だが、私はスコットランドのキノコ専門家の不足を、中毒をどう処置するかという問題にすり替えることができるとは思わない。スコットランドで起こった事故について尋ねられたある菌学者が、「もし、食べて数時間以内に、誰かがそのキノコを同定するか、病院へ搬送していたら、たぶん彼らの腎臓は救われたことだろう」と話していた。[註15] もし、エヴァンス氏とサー・アラステアが毒ヘビかクモにかまれたのなら、医者が解毒剤を選べるので、動物の同定は重要かもしれない。しかし、キノコ中毒には試験済みの解毒剤がないので、患者の治療はキノコの種類ではなく、中毒症状の厳格な診断にかかっている。確かに患者が食べたキノコが何だったのか、知ることは大切である。たとえば、もし腹痛に悩んでいる人がフウセンタケでなく、ヒトヨタケを食べたとわかっていたら、処置しないで放っておいても大丈夫だといえるだろう。しかし、患者が病院で診てもらうのに、通常さほど時間はかからないはずだが、命にかかわるキノコ中毒の症状が進展するまでは、キノコの種類にかかわりなく、治療方法は同じなのである。残念ながら、キノコ中毒は刺し傷の場合と同じで、治療方法が刃物の種類で決まるわけではない。キノコを見分けることの実用的価値は、最初の段階で人々が毒キノコを食べないように教えることにある。キノコ採りをする人たちが、何を探したらいいのか、教える人がアマチュアでも専門家でも、それは問題ではない。要するに、教えた情報が正しければ、それでよいのだ。

フウセンタケの毒素オレラニン

味の良い食材を求めてキノコを採る人に加えて、マジックマッシュルーム（幻覚性キノコ）を探す人々は、キノコ中毒犠牲者の二番手なのだが、彼らこそ週末のキノコ同定講座から恩恵を受けていることだろう。スコットランドの事故に歩調を合わせたように、ドイツの四人の若者が幻覚性のシビレタケの一種（リバティーキャップ）、*Psilocybe semilanceata* と思い込んで、フウセンタケを食べて腎臓をやられて苦しんだという。[註16] マジックマッシュルーム愛好者は、感覚がおかしくなるのを楽しむために、生のキノコをたくさん食べる傾向があるので、特に危なっかしい。愛好者が勧めるシビレタケの服用量は三から六本だが、つぶすとほぼ一握りの菌糸の塊になり、種名がわからない有毒のフウセンタケを同じ数だけ食べると、毒の量がとんでもないことになって、先に触れた不運な四人組と同じように、生涯を台無しにしてしまうのだ。

どのような形のキノコ中毒の場合も、治療にあたっては患者に水分を補給し、血液中の電解質のバランスを維持するのが望ましい。まれなことだが、患者がキノコを食べてから数時間以内に病院に収容された場合は、嘔吐させて胃洗浄と小腸内容物の吸引（鼻からチューブを滑り込ませる）を行い、炭の粉を食べさせる（腸管で毒物が吸収される量を減らす効果がある）。フウセンタケやタマゴテングタケなど、猛毒のキノコを食べてしまった場合は、食べて何日もたってから症状が現れるので、患者が病院に運ばれてきたときには、毒素がすでに吸収されていることになる。最近アメリカでは、透析がごく一般的な治療法になっており、腎臓や肝臓が破壊される以前に血液の中から毒素が取り除かれている。早期の透析が、治療成功のカギなのだ。何人かの専門家たちは、腎臓の破壊を抑えるために、多量のペニシリンと一緒にN-アセチルシステインという化合物を服用することを勧めているが、その効果のほどは

検証されていない。[註17]

フウセンタケ属のキノコによって腎臓と肝臓がひどくやられるのは、おそらくこれらの器官が血液浄化機能を持っているためと思われる。この毒素は体内のほかの組織を損なうこともできるはずだが、その影響は腎臓小管と肝臓に急速に集中するため、明らかになっていない。フウセンタケ中毒のわかりやすい特徴の一つは、キノコを食べてから症状が現れるまでに時間がかかる点である。摂った毒素の量が最も多い場合は、二日以内に腎臓にひどい障害が現れるが、量が少なくて障害が軽い場合は、キノコを食べてから驚いたことに三週間も沈黙したまま、とどまっているという。フウセンタケの毒性は一九五〇年代まで認められていなかった。このころポーランドの伝染病学者が、一〇〇人以上がかかり、そのうち一一人が死亡した中毒事件に、フウセンタケ属の一種、*Cortinarius orellanus*（スコットランドの中毒事件に出てきたものの近縁種）が関係していることを突き止めた。[註18] そのフウセンタケ属のキノコは、有毒と思われる多種類の化合物を含んでいたが、腎臓障害にどの物質が関係しているのか、意見が分かれていた。我々はポーランドの研究者が突き止めた、キノコの名前をとって名づけられた、オレラニンのことをよく知っている。その化学構造は、知らないで飲むと腎臓障害を引き起こす、パラコートなどの除草剤に似ている。ほかの毒物学者たちはコルティナリンという化合物のほうが、もっと危険だと主張している。コルティナリンは、環状アミノ酸のシクロペプチドの一例で、タマゴテングタケやドクツルタケなど、テングタケ属の仲間の猛毒キノコが作るアマトキシンに似ている。

タマゴテングタケの毒素アマトキシン

タマゴテングタケとその近縁種の毒性は、疑いもなく何千年も前からよく知られていた。おそらく、それは指さして顔をしかめる（またはわっと泣き出す）ほど賢くなった人類、もしくは社会性のある直立猿人がキノコを食べ始めたころからわかっていたことだろう。プリニウスなど、古代の著述家たちによれば、ローマ皇帝クラウディウスI世は、お気に入りの料理に毒キノコを入れた四番目の妻の手で殺されたといわれている。そこで我々は、このきれいなオレンジ色の傘をつけた種を「皇帝のキノコ」、セイヨウタマゴタケ（*Amanita caesarea*）と呼んでいる。ただし、研究者の多くは、この恐ろしい武器はタマゴテングタケ（*Amanita phalloides*）だったと思っている（巻頭口絵14）。また、ほかの人たちは、間違って採集されたタマゴテングタケが、悪意からではなく、皇帝に捧げられたか、ヤマドリタケ（ポルチーニ、*Boletus edulis*）に毒を加えて供されたとみている。[註19] この物語の中身は否定のしようもない。というのも、タマゴテングタケはことほど左様に、きわめて強い毒を持っているからである。

タマゴテングタケの毒素は、アマトキシン類とされている。[註20] これらの物質は、茶色の小さな傘を作るヒメアジロガサ（*Galerina marginata*）（北米の多くのガイドブックでは *Galerina autumnalis* とされている）など、ほかのキノコでも合成される。このキノコは幻覚性のシビレタケを探す連中の間で、中毒を引き起こしている。その子実体は小さく、傘はビール瓶の栓ほどだが、病み付きになったキノコ採りが見つけて、長期間障害が出るほど食べることがある。これに比べると、タマゴテングタケとその仲間ははるかに大きく、食べてくれと言わんばかりに表面がきれいで、しっかりした肉質を持ったキノコである。特に、もし以前に見かけがそっくりの無毒のキノコを食べたことがあったら、つい手を伸ばしかねない。タマゴテングタケの傘は時に緑色がかっているが、ドクツルタケに近い *Amanita bisporigera* は純白で、先の章で触れた栽培のフクロタケにそっくりである。フクロタケはアジアでは人気のあるキノコなので、北米でアマニチン中毒にかかる犠牲者の多くは、家庭で夕食にタマゴテングタケを食べた移民の家族である。なお、タマゴタケの類がここ数十年でカリフォルニア州に広がりだした侵入種だという事実もあるので、このような事例が増えているのかもしれない。[注21]

フウセンタケが作るコルティナリン同様、アマトキシンはシクロペプチド化合物で、タンパク質合成の決め手になるRNAポリメラーゼという酵素の活性を阻害する。この触媒作用がなくなると肝臓が働かなくなるが、肝臓の移植はフウセンタケを食べた中毒患者の場合の腎臓移植ほど容易ではない。α-アマニチンというアマトキシンの毒性は、まったくひどいものである。傘一つに、私がいつも言う太った演奏家たちを殺すのに十分な、数千分の一グラムの毒物が含まれており、それが甘味料一袋の重さ、つまり一グラムもあれば、交響楽団のメンバー全員を消してしまえるほど毒性が強い。フウセンタケ同様、テングタケの仲間をたくさん食べると、数時間以内に吐き気を催すはずである。その時すぐ医療機関を訪れれば、医師はタマゴテングタケか、それに近いものを食べたと診断して的確に処置してくれるので、助かるかもしれない。ただし、消化器官に初期症状が現れるのに二、三日はかかるので、機会を逃す場合が多い。ちなみに、症状が現れるまでの間は患者の気分が良くなるので、「ハネムーン」といわれている。この間にアマトキシンが血液に乗って循環し、肝臓や腎臓などの器官を傷めてしまう。中毒がひどい場合は、食べて三日もすると肝機能不全に陥ることになる。

タマゴテングタケ中毒の治療薬

「知っていれば、誰だってタマゴテングタケなんか食べないって？　おっと、ここで一九七四年にこのキノコを一本まるごと食べてしまったフランスのピエール・バスチャン医師を紹介させてくれたまえ」。彼は生き延びて、なんと六年後にまた食べたそうだ。[注22]バスチャンは一九五〇年代と六〇年代に、一五人のタマゴテングタケ中毒患者に対して、朝晩二回ビタミンCを静脈注射し、一日三回、二種類の抗生物質を経口投与する治療を施した。私はピエールが毒物学よりも料理法に関心があったように思うのだが、彼は治療期間中患者たちにニンジンスープだけを食べさせた。すると、全員が回復したというのだ。バスチャンはこの治療法に効果があることを自分自身で試し、かなり世間の評判をとったが、この治療法は医学界では一度も取り上げられなかった。中毒事例の頻度が低いことと、誰がビタミン・抗生物質と対照薬の比較試験を受けるか、決めるのが道義的に難しかったことなどが、彼の処方を判定するのに必要な無作為試験をいまだに不可能にしている。と言っている間に、キノコマニアが毎年のようにアマトキシンでやられているのだ。マリアアザミ（*Silybum marianum*）から採ったシリビニンという成分が、アマトキシン中毒の治療薬として、一九八四年にドイツで承認された。シリビニンの注射で、アマトキシンによる障害から肝臓細胞を守ることができるという不確かな証拠はたくさんあるのだが、カリフォルニア州での臨床試験の結果、アメリカでの認可はまだ係争中である。[註23]

シャグマアミガサタケ

担子菌類が合成する、筋肉の衰弱や腎臓や肝臓の破壊などを引き起こす毒素による病気に比べれば、特定のキノコに結びつくほかの障害などは、公園の散歩ほどに軽いものだといえるだろう。どこにでもあるヒトヨタケ（*Coprinopsis atramentaria*）はエタノール代謝の阻害物質を作り、うっかり食べた人にアルコール中毒の症状を起こさせる。故意にベニテングタケ（*Amanita muscaria*）を食べると、酔っぱらった状態にさせる性質があるため、パーティーに集まった人の中には、ひどい錯乱状態からめまいや幻覚などに陥り、ついには病院のお世話になるものもいるほどである[註24]（ベニテングタケの化学的特徴については次章で触れる)。シャグマアミガサタケ(*Gyromitra esculenta*)は子嚢菌だが、太い茎と複雑な脳味噌のような頭を持った形から、キノコとして扱われている。このキノコはギロミトリンという物質を生産するが、これが代謝されると、ロケット燃料として知られているモノメチルヒドラジンになる。消化器系に症状が現れるのは、食後数時間たってからだが、ほとんどの人は二、三日で回復する。シャグマアミガサタケは、二回以上ゆでこぼすと食べられる。ただし、揮発性の毒物が蒸発するので、台所の換気を確かめておくこと。マッキルヴェイン大尉は、読者にこの種のキノコを避けるように注意しているが、現代のキノコマニアたちは、この仲間を地上で最も美味しいキノコのいくつかに入るものとして、珍重している。彼らは中西部の「ビーフステーキ」と称して、毒の強さも気にしないで食べているそうだ。ほかのキノコも中毒の原因になるが、まれに食べられているからなのか、ごくわずかな人数しか問題にならないためか、安全性については不明な点が多い。

アメリカのキノコ中毒患者数

毒キノコで死亡する話が、毎年我々の耳に入ってくるので、キノコ中毒問題が広がっているように聞こえるかもしれない。しかし、そうではない。キノコマニアの大多数は、自分が確かだと思わないキノコは口にしていないのだ。アメリカで届け出のあったキノコ中毒の年間報告数は、過去五年を通して五六四四人から八八二一人の間だったという。[註25] 二〇〇八年の統計を見ると、事例のうち七九パーセントについては、キノコが同定されていないだけでなく、患者の大半が軽い症状だった。キノコの種類が判別された一一七一例のうち、病院を訪れた人の半数は幻覚性キノコによる中毒である。確かに、何人かは幻覚を見て混乱していたが、消化器系疾患にかかった人たちの原因は、子実体の表面に繁殖した細菌だったらしい。人口三億人のうち、本当のキノコ中毒患者は六〇〇〇人にすぎない。二〇〇八年にキノコを食べて死亡したのは合計四人、そのうち三人がテングタケ属のキノコで、あと一人が種名不詳のキノコで死亡したという。九〇〇〇人を超えるアメリカ人がトイレの便器洗浄液で、七万がクラゲや昆虫、クモ、毒ヘビなどの動物に刺されたり噛まれたり、二〇万人が化粧品や歯磨きペーストのような身近な小物を飲み込んだりして中毒しているのである。それを考えると、公私を問わず、キノコの鑑定をする研究機関での資金不足にいきり立ってみても、仕方がないように思えてきた。

摂食阻害剤としての毒

菌学者たちは、キノコ中毒の意味について、納得のいく解説を提供していない。つまり我々はキノコがなぜこのような有毒物質を作るのか、説明できないのだ。一つは、有毒物質は菌糸や子実体の変な代謝過程でできた副産物で、たぶん、その毒性が菌自体には利益になっていないという説である。もう一つは、この毒素が捕食者忌避剤、または摂食阻害剤（結果的には同じことだが）として働くことで、キノコを守っているという考えである。この線に沿って考えると、キノコの毒性による攻撃が、キノコの肉を貪り食う昆虫の群れや線虫などの小動物、すなわち無脊椎動物に関係しているように見える。軟らかい子実体の中で繁殖するハエ類のキノコ毒性に対する感受性や、キノコを食べてその中に卵を産みつける種が持っている耐性などについて、ショウジョウバエを用いて行った少数の実験結果から、このことは妥当だといえそうである。[注26] ただし、キノコの毒性を摂食阻害作用だけから説明するのは、キノコの大半が無毒だという事実からして、少し無理があるように思える。食べられるキノコは、森の中にいるガツガツした動物から、どうやって逃れているのだろう。多くの場合、イグチ類の傘はハエなどの昆虫の幼虫にたかられているが、食べられるものと少数の有毒のイグチとの間では、喰われる程度にほとんど差がない。ベニタケ属のキノコには、食・毒の別なく虫がつきにくいが（訳註：茎がハエ類の幼虫に食われているものは多い）、その色鮮やかな傘がナメクジやカタツムリの歯舌でかじられて、傷ついているのをよく見かける。ここで大切なことは、ガイドブックにつけられている髑髏マークは、人間以外の動物に対しては通用しないということである。化学者たちは人間の中毒の原因になる毒素を、数多く同定しているが、母親が傘の中に産卵することを止めさせたり、昆虫の幼虫を殺したりする、無数の化学物質については、まだ研究を開始していないのである。

キノコと昆虫の関係に関する細かな問題は措くとして、もしその祖先たちが進化の過程でキノコを作り、胞子を飛ばすことに成功していなかったら、キノコの仲間は今ここにいないはずである。もし、害虫が勝ちを占めていたら、キノコの遺伝子はこの生物圏から永久に消滅していたことだろう。おそらく、キノコと昆虫の幼虫の間のつながりは、捕食者と餌食の間に特徴的な、絶え間のない押しつ押されつといった関係から出てきたのだろう。キノコの傘を食害しすぎる昆虫は、菌の繁殖力を奪うことで、自分のねぐらを失うことになる。だから、キノコは何ものも絶対にさわれないほど強い毒性を持った子実体を作るためにエネルギーを搾り取る代謝に投資するよりも、むしろ緩やかな侵略を許すことで我慢したように思える。おそらく、敵を上手に操らないと、キノコは何千万年もの間生き残って、分化してこられなかったはずである。ところが、どのキノコの毒も人間を狙ったものではないらしい。人類は自然がほとんど意図していなかったほど、新しい被創造物なのだ。我々人類はその歴史を通じて、キノコに特別迷惑をかけたわけではない。確かに、何千年もの間自然の生息地を引っ掻き回し、砂漠化の原因になってきたが、キノコを商売にして採りまくるようになるまでは、食べることでキノコを危機に陥れるということはなかった。ほかの哺乳類が占拠していた長い間に、キノコは毛が生えて乳房のある仲間に対して、摂食阻害剤を作り上げる機会を手に入れたのだろう。[註27] どうやら、ベニテングタケの幻覚性毒素は、この目的のために合成されたものらしい。これらの化学物質は、人間以外のキノコ好き動物に対する抑止力として働いたように思うが、正気をなくす経験をしてみたいという我々人類の欲望に照らして、キノコが別のやり方を試してみるほど、進化の時間は長くはなかった（第7章参照）。摂食阻害剤としての働き以外、これらのアルカロイドが今でもある唯一の理由は、かつて何者かが好んでベニテングタケを食べていたからとしか考えようがないのだ。別の見方をすれば、幻覚剤などの緩効性薬品は、食欲を減退させるのには向いていないように思うのだが。キノコへ一言。

「お前さんをすぐ吐き出したくなるほど苦いのを作れ」

我々が何らかのキノコ中毒の標的にされていたとしても、そのキノコが可食か有毒かを識別する、わかりやすい特徴を持っているかどうかを決めるのは、実用的にも面白いことである。[註28] 毒キノコが銀のスプーンを黒くするという俗説に頭を悩ますよりも、研究者たちはむしろその色合いやにおいを注意深く観察してきた。その裏にある理由は、近づいてくる捕食者に嫌悪感を起こさせるキノコは、さほど痛めつけられていないからである。そのわかりやすい例は、食べられないことを見せびらかす、チョウの警戒色である。五〇〇〇種以上のキノコが載っているガイドブックの記載を調べても、研究者たちが子実体の毒性と色との関係を見つけることはできなかった。しかし、彼らは有毒キノコに特徴のある匂いを出す強い傾向があることを見出したのである。ガイドブックの記載から何かを知ろうとするのは無理なことで、そこには誰にもわかる色と匂いが記載されているだけである。キノコの色や香りの魅力について、妊娠している昆虫と菌学者が、まったく違った意見を持っていることに、私は賭けてもよいと思っている。

嫌われ者のキノコ

菌学の歴史を通して、子実体の美しさと奇妙な姿のとりこになった研究者たちは、多くの文化が菌類に対して抱き続けてきた、根深い嫌悪感に打ち勝とうと努めてきた。フランドルの司祭、ファン・ステルベークは一七世紀に出した『菌類劇場』（第4章参照）の中でキノコを受け入れた先駆者であり、自分と家族がキノコ中毒にかかっても平然としていた（第1章参照）ウォーシントン・スミスは、一九世紀に食毒の区別を記述した色刷りの一覧表を作り（第1章参照）、マッキルヴェイン大尉は一九世紀の終わりごろ、アメリカ人のために命を張って食用になるキノコの限界に挑んだ（第4章参照）。これらの菌食を勧めようとした試みは、人の食生活を変えるというより、むしろ菌類の研究を促進するほうに働いたといえる。また、いろんな形でキノコを文化的に受け入れようとする動きは、今も続いている。

イギリス人の伝統的なキノコ嫌いと、ロシアや東欧の人々のキノコ好きとの間に見られる対照的な違いは、その古典的な例である。ヨーロッパ以外でも、同じようにキノコに対する評価は様々で、アジアの国々では何千年もの間食用キノコを珍重してきたが、一方では菌類の環境に果たす役割を無視しているといった具合である。[註29] ただし、どんなにキノコ好きの国でも、タマゴテングタケには明らかに嫌悪感を示すようである。一九二〇年代のアメリカで進化論を教えることに反対した、キリスト教原理主義者がこの風潮を利用して、『The Toadstool Among the Tombs（墓場の毒キノコ）』という表題の本を出し、生物学者を社会に害毒を撒き散らすものとして描いた[註30]（図6.2）。ナチスの宣伝者たちも、絵入りの子供向けの本の中でユダヤ人を毒キノコに置き換え、同じことをやってのけた。[註31] エミリー・ディキンソンは

図 6.2　B. H. シャドック著『The Toadstool Among the Tombs（墓場の毒キノコ）』（B. H. Shadduck, 1925）の表紙絵から
生物学者、特に進化生物学者を、社会を毒するものとして描いている。

「キノコ」という詩の中で、キノコをユダヤ人にたとえて、次のように結んでいる。

「自然が寄る辺のないものを持っているとしたら
その子を侮辱できるなら
自然が裏切り者のイスカリオテのユダを持っているとしたら
それがあのキノコ、アイツなのだ」

(Dickinson, "Mushroom," stanza 5)[註32]

あるオンラインポストによると、キリスト教原理主義者は死につながる毒キノコの人を惑わせる美しさを、ほかの宗教の教えになぞらえ、明らかに完全に女性が無条件でかかわっている、教会に対する大きな罪悪のシンボルとして、キノコを使ったことがあるという。[註33] また、世俗的な話題、たとえば、政府が何かに寄生して急速に権力を拡大するものとして描かれるときはいつでも、政治評論や風刺漫画の中で、たとえとしてキノコが侮辱的に扱われている。

ごくまれだが、キノコの活力が称賛されることもある。[註34] アメリカの女流詩人、シルビア・プラスは「キノコ」という詩の中で、見事に子実体が出てくるまでの、しっかりした目立たない菌の成長を、忍耐、冷静沈着、独断専行、行動主義の表れとして描いている。その詩の終わりはこうである。

「押すものよ、つくものよ

我にかかわりなく
我が種は増える
朝まで続き
大地を受け継ぎ
我が足は扉の中にある」

(Plath, "Mushroom," lines 28–33)[註35]

ほかの著述家たちはキノコ狩りの楽しさに浮かれており、『アンナ・カレーニナ』やバーバラ・キングソルバーの『Prodigal Summer[註36]（放蕩の夏）』の中では、ロマンチックな場面でキノコが大事な役割を演じている。しかし、大多数の詩や小説では、著者たちはキノコを危険、死、腐敗などの隠喩として使っている[註37]。一八二〇年に出された有名なシェリーの「Sensitive Plant」という詩では、ヒトヨタケを自分の自画像として描いている。それは「湿った冷たい地面から靄のように立ち上がり」、「吹きぬける風に汚される」前に、その「かけらがひとひらひとひら腐って落ちる」というものだった。菌は自然の葬儀屋であり、ごくまれだが、キノコ中毒による最期は、人生の中で確かに心を乱す出来事なのだ。これがキノコとその超自然的な力に対して、古代人が抱いていた迷信の大部分を占めているのだろう。ジャック・オ・ランタンと呼ばれる *Omphalotus illudens* など、光るキノコの仲間は、もう一つの驚異である[註38]（訳註：アメリカ東部にある木材腐朽菌で、ヒダが発光し、一見アンズタケに似るが、食べると中毒するという）。

しかし、菌類が自然界の中で最大の変わり者として描かれるのに、最も大きくかかわったのは、マジックマッシュルームの幻覚作用だろう。それは地下の微生物が胞子を飛ばすために作った器官を、現代のキノコマニアの遊びや祈祷師の祭祀の道具に変えてしまったのである。

第7章　ヴィクトリア朝風のヒッピー
――モーデカイ・クックとキノコ中毒の科学

頭が変になるキノコ

数年前、一人の若い男が、学生から私の研究プロジェクトのことを聞いたと言って、大学の研究室を訪ねてきた。わけのわからない冗談めいたことを言いながら、椅子に腰かけるように勧めたのを断って、床に直に座りたいと言いはった。部屋にあった肘掛け椅子を嘲笑ったこの男は、私に殴りかかるほど危険ではなかったが、その興奮状態は度を越していた。彼はニタニタしながら、バックパックのジッパーを開けて、まるでポルノ雑誌か何かのように私の著書『ふしぎな生きものカビ・キノコ』のコピーを取り出して見せびらかした。その手はぶるぶると震えていたが、バックパックを引っ掻き回してウオッカの瓶を取り出し、ぐいっと一杯ひっかけた。私はこの異常な客が次にどう出るかというよりも、突然部屋に同僚が入ってくるのを心配して、すぐドアを閉めた。彼は二一世紀の苦悩から遠ざけてくれる神秘的なキノコについて情熱を傾けているなどと、とりとめのないことを喋りまくった。私がシビレタケをやっているのかと尋ねたら、肘掛け椅子を嘲笑った時よりも、もっと大声で笑いこけた。そしてポケットからデジカメを引っ張り出して、自分の栽培室の写真を見せてくれた。そこには無数の子実体が出ている栽培容器の上に、鎖でぶら下げたたくさんの電灯に照らされた地下室が映っていた。彼は田舎の栽培業者兼販売業者で、完全にはまっている常習者でもあった。キノコが彼の人生そのものなのだ。なぜキノコに興味を持ったのかと尋ねるので、あの混乱した頭に私の話は届かないだろうとは思いながら、胞子の実験について少し話をした。すると、あわただしく部屋を出て行き、それっきり私は彼に会ったことがない。

私もいたずら半分に、マジックマッシュルームを食べてみようかと思ったこともあったが、キノコに熱をあげているわりには、今まで一度もこの方面の実験に手を出したことがない。そう決めているのは、モラルや神経質な性格のためではない。実は一〇代のころ、飽きるまでマリファナをやったことがある。ただ、キノコに手を出さなかったのは、あまり考えこまない性質だったからだろう。私はこれまで、物事を違った風に見たいと思ったことがない。常に春の木立は私を圧倒するほど感動的なのだから、それで十分だ。今、中年になって、個人的に漠然とした満足感と束の間の喜びを感じながらも、自分なりの精神医学的処方にしたがって、救いようのない死の恐怖になんとか耐えて生きている。自分の未来に横たわる、果てしない無の世界を知るにつれて、私はできるだけ長い間周辺で起こる物事に心を動かされないようにしようと思うようになった。もし、諸君のなかに、キノコに五感を入れ替えてほしいという願いを上手に書ける人がいたら、マジックマッシュルームについて書き始める前に、この話を紹介しておくのがよいと思ったのである。これが、なぜ私がモーデカイ・クックという変わり者の菌学者の流儀で、いわゆる体験談でなく、キノコ中毒の科学に忠実であろうとするのか、そのわけがわかるだろう。

変人のクックと麻薬

イギリスのノーフォーク州で、バプティスト教会の信者だった両親から生まれたモーデカイ・キュービック・クック（一八二五―一九一四）は、M.C.または、当時有名だったクリケットチームの頭文字にちなんで、M.C.C.と呼ばれるのを好んだ。子供のころ弟のウイリアムと一緒に遊んだり、母親に連れられて野草の花を摘んだりするうちに、次第に博物学にのめりこんでいったという。[註1] 一九八〇年以降に生まれた人には、奇妙に聞こえるかもしれないが、私が自然界に興味をいだくようになった事情も、これとさほど違っていない。田舎の子供たちは、幸いなことに木に登ったり、虫を追っかけたり、隠れ家を建てたりなど、家の外で遊びながら育ったものである。もちろん、どこにもビデオゲームはなかったし、テレビは真空管型だったので、温まってから放送が始まった。その中身はオックスフォードかケンブリッジ大学で学位をとって、スーツを着用した白人男性たちが、社会規範の低下などについて、議論している映像だった。野外の遊びに、競合はなかった。

モーデカイとキノコの出会いは、ホコリタケに始まり（子供たちはこのキノコを顔めがけてぶっつけあっていたのだろう）、菌糸が発光している朽木のかけらを手にしたときだったという。村の学校を出ると、クックは叔父に植物学の手ほどきを受けることになった。一五歳で呉服商の手伝いとして、商売の修行にはげむ傍ら、「Temperance Movement（禁酒活動協会）」が作った合唱団とバンドで歌を歌い、フルートを演奏していた。また、時にノーフォークの沼地にやって来る野鳥を撃ち、それを剥製にしてヴィクトリア朝風の客間の飾りとして売っていたという。後に彼は薬種屋の助手になり、次にロンドンの謄写版屋の事務員として働き、ロマンチックな表題をつけた小冊子を出版して詩を教え、そのうち非嫡出児を連れたシングルマザーと結婚した。事務員の仕事を失ってからは、家族を連れてバーミンガムに移り、男子学校の教師になった。若いころの履歴を見ても、後にクックが反文化的英雄になることをうかがわせるような痕跡は、片鱗も見つからない。ところが、一八六〇年に学校を自らやめたのか、クビになったのか、その年大変奇妙な本を出版している。

『The Seven Sisters of Sleep: Popular History of the Seven Prevailing Narcotics of the World（眠れる七人姉妹：世界で流行っている七つの麻薬に関する民間伝承）』は、タバコ、アヘン、タイマ、ビンロウの葉、ビンロウの実、コカの葉、ダツラなどの麻薬成分を持つジャガイモの近縁種、ベニテングタケなどを取り上げた研究書だった。[註2] この自然産物の目録に関する論文は、世界中どこでも人類は気分を変えるための薬をほしがり、その働きをしてくれる植物を、常に身近で見つけるものだという、彼の主張に基づいていた。クックのひどい喫煙癖を反映してか、タバコについては最も詳しく論じている。アンディー・レッチャーが書いた素晴らしい本『Shroom（キノコまたはメスカルサボテン）』[註3] によれば、クックは麻薬使用の起源に関するアイデアを、スコットランドの農芸化学者、ジェームス・ジョンストンが先に出していた『The Chemistry of Common Life（日常生活の中の化学）』[註4]『眠れる七人姉妹』はジョンスから借用したという。クックはそれ以上に、多くのことをジョンストンの本から盗用したため、『眠れる七人姉妹』はジョンストンの作品を承認を得ずに改作したもので、多くの文章は紛れもない剽窃とされている。ただし、問題のとらえ方に関する限りは、二人の著者の間でほとんど差がない。ジョンストンの文章はほかの発展途上国に対する、大英帝国の上り坂にかかった国家的優越感を反映しており、「東方の皇帝たちは、放縦な暮らしや野蛮な残虐行為を時折行っていると伝え聞くが、我々が得ているその情報のもとは、インドの大麻から作られた、ハシシまたは樹脂のような物質なのである」という（これはもちろん、イギリス人が植民地全体を通じて、一定の品格を保って行動していた時代に書かれたものだが）。さらに「このハシシのことだが、実際この薬は東洋人にとって、その粗野な人生の日常仕事もしたくなくなるほど、洗練された特別な楽しみを与える源になっているらしい。世界のこちら側にいる我々（西欧人）が、まだこれを知らないのは幸せなことなのである」という。反対にクックは、この楽しみと麻薬使用の国際的な多様さに大喜びして、「小アジアでは、インド大麻の抽出物が太古の昔から盛んに吸飲されており、忘我の喜びを生み出す手段として用いられ、アヘン使用の際に知られているのよりも、はるかに高度な喜びをもたらしてくれるものだった」と述べている。ついでにベニテングタケにも触れて、「考慮すべきことだが、これによる酩酊状態は安価で、無上の喜びをもたらすと断言できる」という。さらに、クックは話を進めて、アヘンの使用を手厳しく非難しながら、一方でタバコを楽しんでいる、同郷の男たちの二重基準を強く戒めている。人類に対する彼の考えは驚くほど楽天的だが、そんな楽天主義も今世紀に入って世界的に広がった、恐ろしい麻薬取引の陰に消されてしまったようである。

ベニテングタケの幻覚作用

シベリアを旅した探検家が、ロシア極東のカムチャツカ半島について書いた報告書を引用して、クックは「大きさや距離に関する間違った印象」が起きやすいことも含めて、ベニテングタケの効果を詳しく記述している。今日、我々はこのような幻覚作用が、子実体の肉質部分にある、イボテン酸とムスキモールという対になったアルカロイドによって生じることを承知している。これらの物質は脳血液関門を通って、神経インパルスの正常な伝達に干渉し、セロトニンとドーパミンのレベルを上昇させることも知られている(図7.1)[註5]。クックは、ベニテングタケを愛好する習慣がロシアで発達したと主張したが、そこでは彼の本で紹介している多くの麻薬になる有毒植物の自然状態での成長や栽培に、気候が影響を与えるからだと説いている。ベニテングタケの成分が腸で吸収され、腎臓を通っても、その活性が保たれていることに気づいて、酩酊したい人たちはキノコを集め、生の子実体が手に入りにくい時は、キノ

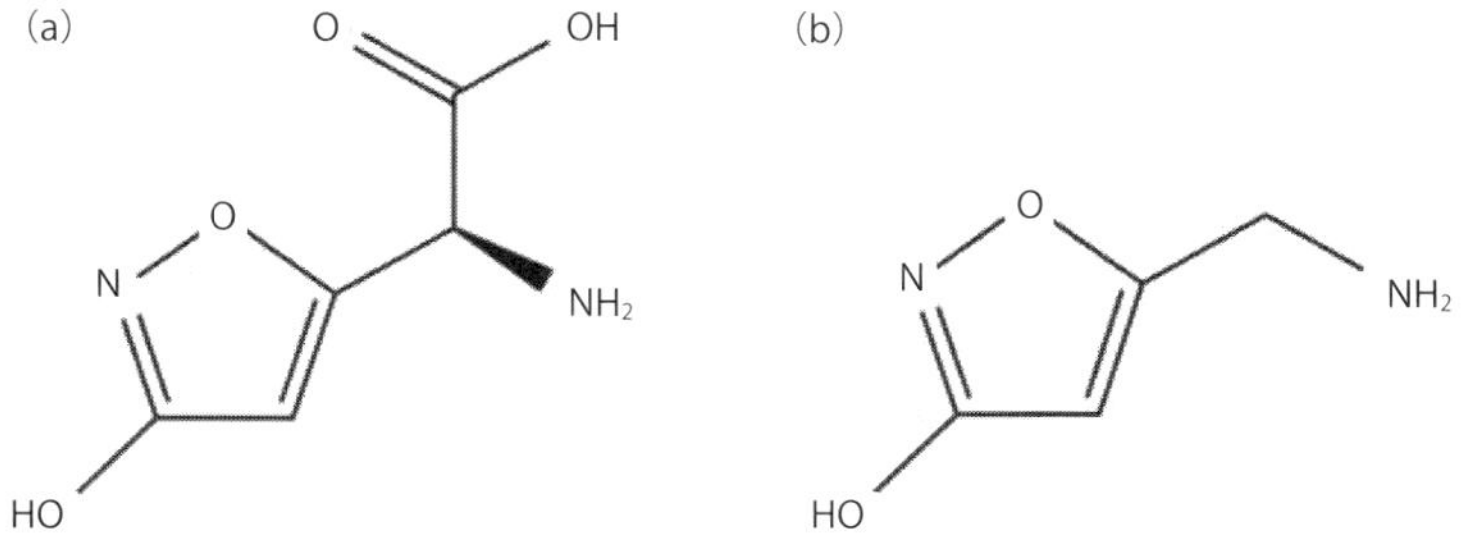

図 7.1 ベニテングタケ（*Amanita muscaria*）の幻覚性物質の化学構造
（a）イボテン酸　（b）ムスキモール。ムスキモールは、大脳皮質や海馬状隆起、小脳などのニューロンの活性を変える、$GABA_A$ 受容体に結合する。Diana Davis による。

コの成分が溶け出した尿を飲んだという。クックはこのいかがわしい話をジョンストンから借用したが、ジョンストンは先に出ていたスウェーデンの地図学者で、一七世紀初頭にシベリアやカムチャツカを旅行した、フィリップ・ヨハン・フォン・ストラーレンベルグの筆になる、キノコの利用に関する記述を引用していた[註6]。

オックスフォード大学の学監だったチャールズ・ドジソン（別名、ルイス・キャロル、『不思議の国のアリス』の作者）が、思春期に入ったアリス・リデルが、幻覚性物質の入った尿を飲む場面を、想像したかどうかという問題については、まじめな学者たちが議論している。彼は『不思議の国のアリス』に出てくる、キノコの上で水タバコをくゆらせている青虫に彼女を紹介する前に、アリスが小さくなるもとになった「飲んでごらん」というラベルが貼られた瓶を彼女に渡して、がぶ飲みさせてしまったのだ。いらいらしたり、悠々としたりする青虫は、キノコの傘の両側のいずれかが彼女を大きくしたり、小さくしたりできるのだと教えた。そこで、アリスは右側と左側からキノコのかけらを一つまみ取って試してから、小さくなる側の傘をかじると、伯爵夫人とニヤニヤ笑っているチェシャ猫に出会うまえに、九インチまで縮んでしまった。ティム・バートンの映画、『アリス・イン・ワンダーランド』の中の途方もないキノコの扱い方は、キャロルの作品の呼び物になった、たった一本のキノコをはるかにしのいで、不思議の国の登場人物を全部小さくしてしまうほど、林立するキノコの森を作るほどになっている。ジュール・ヴェルヌは一八六四年に出した古典的作品『地底探検』の中で、地中に生える巨大なキノコを描いた。同じような場面は、シンシナティの変わり者の菌学者の兄、ジョン・ユーリ・ロイドが書いたベストセラー、『Etidorhpa』の中にも出てくる。[註7] ロイドの本の表題はアフロディーテ（ヴィーナス）からとったものだが、その内容はキノコがそびえたつ地底の森を通って、眼がない性別不明の怪物の案内で旅する、一人の紳士の物語である（図7.2）。挿絵を見ると、裸で髪の毛も性器もない旅のガイドは、現代のリュージュ（一人乗りの橇《そり》）選手のようで、旅人はどことなくチャールズ・ダーウィンに似ている。このキノコの森は、地球内部の空洞に通じるケンタッキー州の洞窟を経て、たどり着くことができたという。[註8]

　キャロルが自分の物語にキノコを登場させようと考える前に、アリスの体のサイズを変えてみようと思っていたかどうかは、はっきりしない。また、幻覚性キノコの知識が頭に入っていたかどうかも、定かではない。ベニテングタケの幻覚作用について、クックが述べていると思われる箇所は、「道に落ちている一本のワラが恐ろしいものになり、それに打ち勝つには、樽一杯のエールを飲み干すほどの思い切りが必要だ」という一文ぐらいである。挑発的に書かれたベニテングタケの章のページは、ボッドリーン図書館にある『眠れる七人姉妹』のコピーの中で、読み取れる唯一のものであり、この本はキャロルの訪問が記録されている一八六二年には、そこにあったといわれている。[註9] また、彼は誰かほかのヴィクトリア朝時代の著述家が語った幻覚性キノコの話に、興味をそそられたとも考えられる。

図 7.2　J. U. ロイドの『Etidorhpa』に載ったジョン・アウグスタス・ナップが描いた「巨大なキノコの森」(Cincinnati: J. U. Lloyd, 1895)

『眠れる七人姉妹』の主題は、後に出たクックの著作を代表するものではなかった。彼は菌類に関する多数の本や記事を出し続け、数多くの学会で活躍し、キュー王立植物園で働き、一八九六年には英国菌学会の設立メンバーの一人になった。ただ、クックの家庭内事情は少し変わっており、義理の娘のアニーは一八歳で彼の初めての子供を産み、四〇代のはじめに彼の元を離れる前に、さらに七人の子供をもうけた。彼の妻はモーデカイの子供たちに対して祖母のようにふるまい、この三角関係を支えていたらしい。[註10] クックはアニーが去った後も、手当てを支払い続けたが、彼女を失った悲しみと二つの家庭を支える経済的負担に耐えかねて、つらい晩年を送ったそうである。

もし、クックの生涯を麻薬の本と義理の娘との不条理な関係に限って見るなら、彼は『眠れる七人姉妹』の復刻版の副題、『The Celebrated Drug Classic（名のある古典的麻薬）』を書いた濃いひげを生やした、ヴィクトリア朝時代の不届きなヒッピーのようだったともいえる。[註11] しかし、どんなものにしろ、彼を反体制派の元祖として推すだけのものは、この変わり者の異常なまでの仕事ぶりの中にも、膨大な書き物の中にも、その控えめな性格の中にも、ほとんど見られないのである。実際、後に書いた『Edible and Poisonous Fungi: What to Eat and What to Avoid（食用キノコと毒キノコ：何を食べ、何を避けるべきか）』は、キリスト教徒知識普及協会から出版されたが、その中でクックは「毒キノコを食べるすべての人に、素晴らしいベニテングタケで実験するのは危険だ」と警告を発している。[註12] しかしながら、彼は幻覚性キノコの効果を初めて記述した人たちの一人だったが、その死後一世紀を経ても、いまだに大きな関心の的である。

祭祀とシビレタケ

ロバート・ゴードン・ワッソン（一八九八―一九八六）について、筆を費やすことはほとんどないが、彼はうんざりするほど詳細に、自分の菌学研究の成果を書くのに、多くの時間を費やしたといわれている。この紳士の人物像についてはは数行にとどめるが、J・P・モルガン銀行の副頭取だった彼にとって、菌学は仕事から逃れる気晴らしにすぎなかった。もう少し詳しく知りたい方は、アンディー・レッチャーの面白い『Shroom』を参照されたい。

一六世紀のコンキスタドール（訳註：中南米を征服したスペイン人）たちは、自分たちが滅ぼしたマヤやアステカ文明の祭祀の中でキノコが使われていたことや、キノコのモチーフが古代の石器や、ミステカ族の年代記の挿し絵などに出てくることに触れ、ラテンアメリカにおける幻覚性キノコを用いた長い歴史について、わずかな記録を残している。一九五〇年代に、ワッソンはメキシコでこのような文化が今も実行されている名残りを発見したと思い、シャーマンだったかどうか疑わしい、マリア・サビナという女性が恍惚状態になって語る、散漫な長話を記録した（もちろん、シャーマンとしての資格を証明する身分証があるわけではない。ちなみに、レッチャーは彼女の履歴はあいまいだと漏らしている）。もし、暇つぶしをしたいのなら、マリアの長ったらしい詠唱を聞いてみるのもいいだろう。[註13] あなたも出版されている文句の写しと楽譜にしたがって、彼女と一緒に歌ったり、呻いたりすることができるはずである。人類学を履修した経験からすると（そんなものはないのだが）、彼女が長々としゃべっていた時は、かなりの確度で相当量の麻薬を飲んでいたと断言できる。面白いことにひどく興奮するにつれて、カソリックのお祈りを唱えたり、心に湧いた訳のわからない思い付きを述べ立てたりしている。また、録音している間を通じて、お祭りの参加者が痰を吐き、呪いの言葉をわめき、はげしく嘔吐し、ものすごい勢いで鼻をかんでいるのが聞こえる。ここに翻訳したものの抜粋をあげておこう。

「湖の中で渦巻く女、待っている女、それは私
試してみる女、きれいなままの女、それは私
イエス様、聖母様、この世をご覧ください、
なんと危ない世界、汚れた世界なのか、ご覧ください、
私はここから逃げ出したいと、キノコはいう、
陽に当たって乾かそうと、キノコはいう、
猟犬になった女、それは私[註14]」

それからどんどんと耐えがたいほど長い時が過ぎる。ワッソンがこのつまらない長話のすべてに耳を傾けていたとき、もし彼が酔っぱらっていたとしたら、多少は理解できたかもしれないが、しらふの時も彼のマリアへの傾倒は薄れていなかったらしい。私はここで、金融業界におけるぞっとするようなキャリアの単調さに思いをはせている。

マジックマッシュルームとシロシビン

サビナとその信徒たちが食べていたキノコはベニテングタケではなく、シビレタケの仲間だった（巻頭口絵15）。ワッソンが造った「マジックマッシュルーム」という用語は、ベニテングタケを指すものではなく、シロシビンやサイロシンといった幻覚性アルカロイドを持っている少数の属に使われている。

ワシントン州のオリンピアに本拠がある「完全菌」社（訳註：第5章参照）の社長、ポール・スタメッツは、シビレタケ属（*Psilocybe*）の専門家だが、その同定について以下のような注意書きを書いている。曰く「ヒダがあって胞子が紫褐色から黒色、傷つけると青くなる問題のキノコは、ほぼ間違いなくシロシビンを作る種である」[註15]。シロシビンを作る菌の大部分は、シビレタケ属とヒカゲタケ属（*Panaeolus*）に含まれている種である。シビレタケ属は四〇〇種で、その四つに一つがシロシビンを含み、一〇〇種あるヒカゲタケ属の大半は草食動物の糞から子実体を出し、その一〇に一つが幻覚性である。遺伝学的研究に照らしてみると、これらのキノコの分類は混乱しており、シビレタケ属の青く変色する仲間は、かなり離れた幻覚性キノコの別の属に切り分けられそうである。将来菌学者たちは、よく知られているシビレタケ属の種を、すべて *Weraroa* 属に入れ替えるかもしれない。もっとも、この学名変更は、キノコマニアたちからは無視されることだろう。ちなみに、これらのマジックマッシュルームは、アマトキシンを持っている猛毒のコレラタケ（*Galerina fasciculata*）（訳註：著者はヒメアジロガサ〈*Galerina marginata*〉とするが）を含む、ケコガサタケ属（*Galerina*）に近いように思える（第6章参照）。

摂食後、シロシビンはサイロシンに変化し、これが幻覚作用物質になると考えられている。サイロシンは化学構造がセロトニンに似ており、脳に入るとセロトニン受容体と対になってとどまり、大脳新皮質の正常な働きを攪乱するとされている（図7.3）[註16]。新皮質または大脳皮質は哺乳動物の大脳の表層で、人類では進化の途上で追加された一〇〇〇億個もの神経細胞からできているが、これが我々何十億もの人類に、自然界のほかのものよりも、自分たちがはるかに重要な存在だと信じ込ませているのだ。推理や言語、意識などの高度な知的機能は大脳皮質で作動し、また、それは感覚的知覚に関連して、我々の運動を制御するもとにもなっている。セロトニン受容体は、キノコ中毒患者、もしくは自称

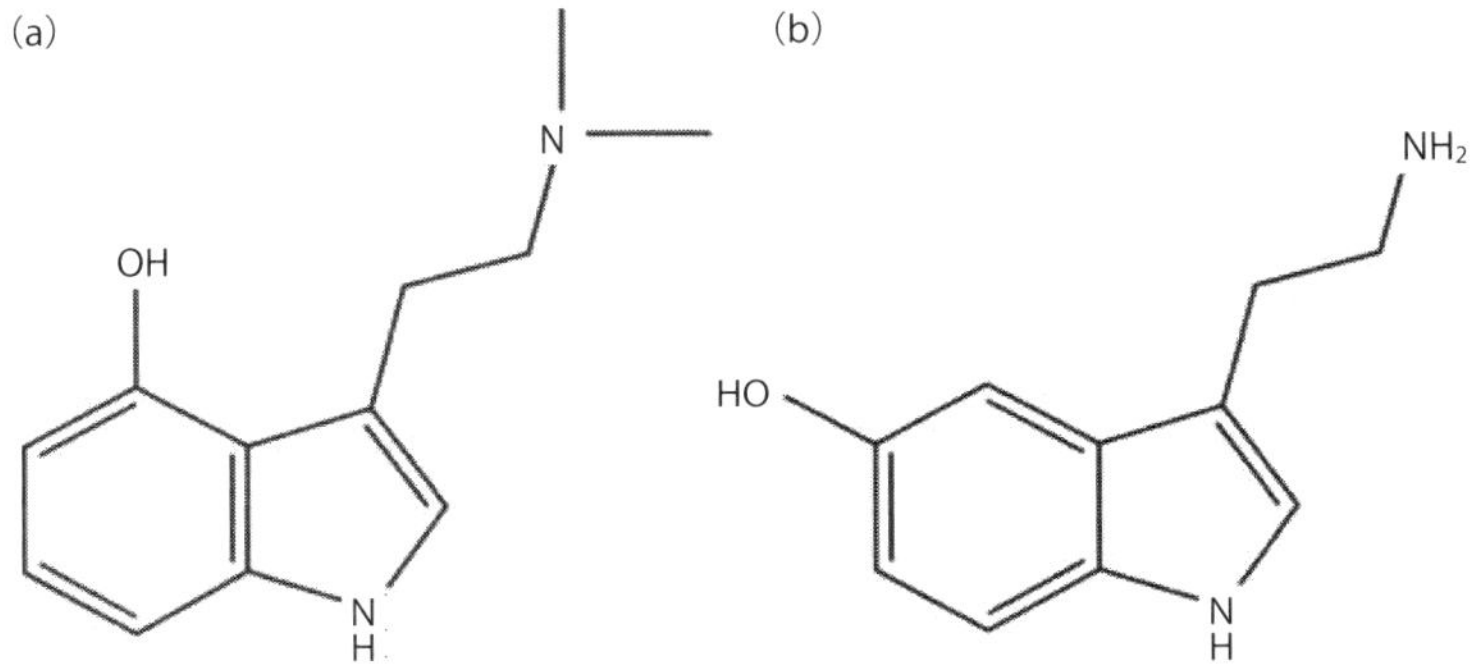

図 7.3　(a) サイロシンと (b) セロトニンの化学構造は類似している
サイロシンは 2 つのセロトニン受容体に結合している。図は Diana Davis による。

「psychonaut」の体験の強さを加減する、あらゆる種類の神経伝達物質やホルモンの放出をコントロールしている。ここに、ポール・スタメッツがシビレタケを食べて体験した幻覚の様子を引いておこう。

体験者に共通する幻覚

「キノコのすごい力で、書き表せないほどの美しさに満ち溢れた、天国が開く。空が三次元になる点に向かって視力が鋭くなる。宇宙が調和に満ちて動き、私の心もそれにつれて動く。まるで自分が自然の作った織物の一本の糸になって、故郷に戻ったような感じがする」[註17]

スタメッツの記述は、多くの幻覚体験者が共通して、シビレタケに対して抱く情緒的反応を代表している。多数のウエブサイトが、幻覚性キノコの体験を投稿させているが、次にあげるもの、www.magic-mushrooms.net は全般的に見て好例といえるだろう。

「私は誰も見ることができないような、輝く光を見始めており、友達は内側にブラックホールを持った巨大な光の輪を見ていた。それは、それは、壮大なものだった」

「我々の誰もが、物がモザイクのように、ばらばらになってしまうように感じたが、それは周りをぶんぶんと飛び回っているだけだった。自分たちの顔もそうなり、壁もあらゆるものがそのようになっていた。我々みんなが、つかみとることができる、空気のように感じるものに取り巻かれた『母体』の中にいるような感覚に浸っていた。ほとんど手を伸ばして、それにさわることができそうだった。と同時に、我々はすべての感覚を失っていた。パンを一枚焼くというような簡単なことでも、どうしていいのかわからなかった」

その記述内容がまったく同じだということは、神経系に一連の共通した乱れがあることを暗示している。「パンを一枚焼くというような簡単なことでも、どうしていいのかわからなかった」という文句は、おそらく、私がグーグルのマジックマッシュルームのサイトを半時間ほど探して出会ったものの中で、自分に言及した最も独創的な例といえるだろう。キノコによる幻覚の旅は、明らかに個人の感覚に深い影響を及ぼし、人をかなり幸せな気分にするかもしれないが、その旅はシロシビンによって起こる感覚の変化に対する、人それぞれの個人的反応によることを、承知しておく必要がある。キノコによる知覚現象ではないが、私も変わった種類の幻想を見たことを思い出す。ティツィアーノ（訳註：イタリア、ヴェネツィア派の画家〈一四九〇ころ―一五七六〉で、彼は「マルシュアースの皮を剥ぐ」という絵を描いた。ギリシャ神話ではマルシュアースは笛を上手に吹く神サテュロスのこと。アポロに音楽の腕比べを挑んで負け、生意気だというので、生皮を剥がれたという）の絵を、一九八〇年ごろロンドンで開かれた展覧会で見た時、私はこの絵にすっかり圧倒されてしまった。非常に長い間絵の前に座り込んで、場面の残酷さに縮み上がっていた。私はアポロが弾くヴァイオリンの音や、哀れなマルシュアースのうめき声が聞こえるように思ったものである。そんな音が本当に聞こえるはずがないと承知してはいたが、私の想像力はアポロのヴァイオリンの音を、頭に思い描いていたのだ。ほかの芸術作品にも同じように影響されたが、ティツィアーノが描いたあの絵は、三〇年もの間私の頭に焼き付いている。おそらく、ほかの芸術愛好家たちも、あの素晴らしい絵の前に立って、同じようなことを感じたと思うが、私の経験はまったく個人的なものだった。アリストテレスの時代から二〇〇〇年後に、知的で明快な教育を享受してきた私は、いずれにせよ、芸術やほかの何かに対する自分の個人的反応が、どんなに一般的な問題であったとしても、宇宙の本質にかかわる事柄を明らかにしうるという幻想を抱いてはいないのである。同じ流れでいうなら、キノコの毒素によって変わった知覚が、宇宙の動きについて何事かを啓示している可能性はまったくないのだ。幸いなことに、より幅広い範囲にまたがる物事を学び取るには、ずっと頼りになる方法がある。それを科学という。

シロシビンの薬効と臨床実験

ここで私も認めているのだが、多くのマジックマッシュルームの愛好家がいるのを知っておくことも大切である。彼らは自分たちの経験が意味するものを、大仰に言い立てることもなく、たまたまほんの少しのシビレタケを楽しんでいるだけなのだ。しかし、一九六〇年代以降、何世紀も積み重ねられた、馬鹿げた迷信とおとぎ話の厚い層に加えて、マジックマッシュルームを声高に擁護する一握りの人々が、菌学研究に相当な害を及ぼしてきた。「私は三〇年もの間、菌類について実験してきました」という台詞が、まじめに専門的な研究に従事していたというより、むしろ気が狂っているように響くというのが、これなのだ（反対に、「私は過去三〇年にわたって、ショウジョウバエで実験してきました」というのは、問題にならないだろう）。ゴードン・ワッソンがやった馬鹿げた民俗学的調査に続いて、幻覚性キノコの臨床的価値に関する客観的解析の望みは、一九七〇年代にティモシー・リアリーとその一派の自己中心主義によって断たれてしまった。ただし、この分野に対する興味は、少数の研究者たちの間に残り、ついにシビレタケの治療効果に関する重要な発見が日の目を見るようになった。

精神科医や神経科学の研究者たちは、二〇〇六年に三〇人のボランティアを対象にして行われた、シロシビンの心理学的効果について、対照薬を用いた試験結果に大喜びしたという。[註18]『Psychopharmacology（精神薬理学）』に載ったこの研究成果に対する反響は、異常なまでに大きく、この雑誌の同じ項に編者による研究内容の紹介と、専門家たちのコメントが掲載されるほどだった。ジョンズ・ホプキンズ大学医学部のローランド・グリフィスがリーダーを務めたこの研究は、その発見だけでなく、研究者たちがきわめて慎重に実験計画を立てたという点でも、例外的なものだった。ボランティアたちは「精神・神経治療薬になる天然物」の研究を公表するという、無謀ともいえる冒険を快諾し、研究者たちが被験者たちを映写するのを認めた。この冒険に彼らが応じたのは、試験材料が興奮剤だということに、ある程度興味を覚えたからだった。ちなみに、被験者は誰も過去にマジックマッシュルームを試したことがなく、精神病を患ったこともなかったそうである。また、このグループの半分は教会か、シナゴーグに通っているか、瞑想クラスのメンバーで、この研究の前何か月かの間に、被験者全員が何らかの心霊的な活動に参加していた。これは意味のあることだった。というのは、彼らが頭の固い合理主義者よりも、何らかの心霊的体験を報告してくれそうな人たちだったからである。それにもかかわらず、研究結果は驚くべきものだった。

この一連の実験で、参加者たちは純化したシロシビンの飲み薬か、対照薬を与えられた。シロシビンの服用者は、数分後に助手が問いかける質問に反応しにくくなり、それから深い感情の変化を経験し続け、ある人は泣いたり、ある人は不安そうになったりしたが、多くの人が平和や調和、大きな幸せなどを体験したという。彼らは感覚の大きな揺れと変化を感じ、参加者の多くが「あらゆるものの調和」、つまり多くのキノコ中毒者たちが話したのと同じ「症状」を経験したと報告した。ヨーロッパで行われた実験によると、シロシビンをごく少量与えられたボランティアたちにも同じような症状が見られ、全員が「自我感覚喪失」または「自我障壁の緩み」と時間感覚の喪失を体験したという。[註19] また、彼らは研究者の指示に応じて、指でトントンと叩く速さを、うまくコントロールできなくなったともいう。このわずかな運動機能障害は、彼らが二秒から三秒以上の間隔で叩こうとしたときに、はっきり現れたが、最大限速く叩くように言われたときには出なかったそうである（実際に自分でやってみると、すぐその違いがわかるはずだ）。これは、セロトニン受容体へのシロシビンの刺激と、任意に使える力が必要な作業において、被膜に埋め込まれたタンパク質が重要な働きをすることを示唆している。いずれにしても、マジックマッシュルームの愛好家たちはこの研究成果に興味を示さないだろう。しかし、その内容を注意深く検討することは、インターネットに投稿している、いわゆる「オタク」たちのシロシビン体験における個人的感情に共通する何かを探るのに必要と思われる。キノコ愛好家でない者にとって本当の驚きは、シロシビン研究過程の後にジョンズ・ホプキンズ大学の被験者の三分の二が、自分たちの体験をこれまでの人生の中で、「唯一最も意味のある体験」とか「上位五指に入る有意義な体験」だと評価したことだった。また、彼らは実験の意味を子供の誕生や両親の死などと比べていた。このグループのほとんどが、試験期間中に「個人的にいいことをしたとか、人生に対する満足感」といった感覚が増幅されたと話していた。さらに、被験者たちはシロシビン実験から一年以上たっても、幸福感が続いていると報告している。[注20]

ジョンズ・ホプキンズ大学で行われた研究は、過去四〇年のうちで幻覚性薬剤に関する客観的試験の最初の試みだった。シロシビンの治療効果の探究は長い間続けられていたが、これに新しい仕事だという励みが加わった。今やシロシビンか、またはその誘導体がうつ病を治し、行動異常や群発性頭痛を抑え、棺桶に入る恐怖を和らげることができるかどうかを決める、臨床試験に大きな期待がかかっている。シロシビンが死への恐怖を軽減するのに役立つかもしれないというアイデアは、一九七〇年代に終末期の患者にLSDを投与すると、不安や恐れが減るという実験によって見込みがついていた。LSDまたはリセルグ酸ジエチルアミドは、リセルグ酸から作られた半合成薬品で、菌に由来するシロシビンに類似していると されている。[注21] LSDの薬理学的特性はシロシビンのものと共通しており、シロシビン同様セロトニン受容体に結合しやすいのである。

シロシビン治療を受けた患者を追跡調査すると、多くの人が神に近づいたように感じたという。[注22] ここに二〇〇八年に公表された論文に載っている文章をあげると、「神（金色に輝く光の流れ）との対話から、私はこの地上にある、すべてのものが完全であると信じるようになったが、一方で自分は十分それを理解する心身を持っていないことに気付いた」という。また、もう一人は「死を体験することは、初めひどく不愉快だったが、そのうちまったく落ち着いた気分になり、神の存在を感じるようになった。神とともにいることは、言葉に表せないほど恐れ多いことだった」と語っている。初め、参加者たちが心霊グループのメンバーだったことを思い出してほしい。無神論者や私のような精神性に欠ける人間を加えた、将来行われる試験結果を知りたいとは思うが、私はその結論に自信を持っている。合理主義者たちは、あらゆる種類の感情的経験、あるものは愉快な、あるものはぎょっとするような体験を報告すると思われる。ただ、彼らはマジックマッシュルームが考え方の誤りを指摘し、神がずっと羽根の中に潜んでいて、シロシビンがのど元を通り過ぎるや否や、すべてのものの働き方を示す機会を待っているといった、回答をするはずがないと私は確信している。シロシビンを服用して出現した神、もしくは神々にかかわる事柄の本質は、すべて精神薬理学的用語で十分説明できるはずだ。

ハエ殺しか神の使いか

ある種のキノコが、人間の神経系を攪乱する化学物質を生産する理由は、ほかのものが肝臓や腎臓を破壊する毒素を作る場合と同じように、よくわかっていない。シロシビンの含有量は幻覚性キノコの種間で大きく異なっており、子実体の乾燥重量当たり一パーセント程度までとされている。キノコの乾燥重量の大部分が細胞壁の材料だとすれば、シロシビンの量はかなりのものになる。シロシビンの濃度はこれよりもっと低い場合が多いのだが、いわゆる「お勧め使用量」とされているキノコ五グラムに含まれているシロシビンの量は、ジョンズ・ホプキンズ大学の研究者たちが純品として投与したものにほぼ等しいという。一握りの野生キノコの中にこれだけの麻薬があるということは、その菌にとって何か有利なことがあるはずなのだが。

一つわかりやすいのは、シロシビンが胞子を作る組織を破壊する、昆虫などの動物を排除するための、摂食阻害剤として働いているという考えである。これについては先の章でも述べたように、α-アマニチンのようなキノコの毒素の進化について考える場合には、最も合理的な説明になる。今のところ、シロシビンが摂食阻害剤であるとする、仮説を証明する厳密な実験はないが、ベニテングタケの幻覚作用物質が持っている殺虫効果を上手に証明した、いくつかの見事な実験がある。日本の研究者たちは、果物につくハエがイボテン酸やムスキモールに曝されると、その発育がかなりひどく乱され、この化合物の使用量を増やすと、生き残っている蛹の数がどんどん減っていくことを明らかにした。イボテン酸の効果は、ムスキモールよりもはるかに大きかったという。[註23] その通称はわからないが、いくつかのショウジョウバエ（*Drosophila*）の仲間は、キノコの特別食を好んで果物を避けるらしい。この昆虫たちは二つの毒素に強い耐性を持っていて、餌になるキノコが合成する毒素に対抗する、防御機能を進化させているように見える。殺虫剤仮説はベニテングタケ（*Amanita muscaria*）の通称名からも類推できるだろう。たとえば、フランス人はベニテングタケを「une amanite tue-mouche（ハエ殺し）」とも呼び、古くからハエを避けるのに子実体のかけらを使う習慣があったという。[註24] これは、このキノコにつけられた初期の呼び名で、イギリス人が好んだ単なる「fly agaric（ハエキノコ）」という名称を誤解したものかもしれない（訳註：日本でもアカハエトリの名があり、信州では飯粒とベニテングタケをこねて板に張り付け、ハエを捕ったという）。もう一つは、このキノコとハエの取り合わせが、キノコによる幻覚作用を悪魔憑きの一つの形とみなしたことから発展したという考えである。[註25] ハエと悪魔のつながりは薄いように思えるが、キリスト教でいうルシフェル（堕天使）の代わりに使われている、ヘブライ語でいうベルゼブル（悪魔）が、英語でいえば「ハエの王」を意味することも、一考を要するかもしれない。また、このキノコの幻覚作用を古い時代に体験したことが、中央フランスにあるプランクロール大修道院の礼拝堂にある、有名な中世のフレスコ画の中に描かれた知恵の木の枝になっているベニテングタケに表れているのかもしれない。このテングタケは危険なもので、「されど、園の中央にある樹の実をば、汝らこれを食うべからず、またこれにさわるべからず、おそらく汝ら死なんと神は言い給えり」といわれている。一方、悪魔は誘惑して「蛇が女に言いけるは、汝ら必ず死ぬことあらじ。神がさように言いけるは、汝らがこれを喰う日には、汝らの眼開け、汝ら神のごとくなりて、善悪を知るに至るゆえ」ともいう。なぜ非常に多くのマジックマッシュルーム愛好者たちが、一九七〇年にジョン・アレグロが、キリスト教はキノコを崇拝するカルト集団から出発したと主張したことにあおられて、この考えに引き込まれたのか、容易に理解できるだろう。[註26] 今ではまともに取り上げられていないが、確かにフランスのフレスコ画は、ベニテングタケが一三世紀のキリスト教徒たちに、宗教的なシンボルとして受け入れられていたことを示している。

マジックマッシュルームで禁固刑

語源についての余談はさて置き、幻覚剤の自然合成について、最もありそうな説として、摂食阻害剤のモデルに関する議論が残っている。もし、シロシビンが摂食阻害剤として進化したのなら、人間には逆作用があったはずで、シビレタケがたくさん出ている牧場に、かなりの人数のキノコ採りが惹きよせられたことだろう。前章で述べたように、イボテン酸とムスキモールは似たような理由で、ベニテングタケには役に立たなかったのである。シビレタケのプラス面を見ると、多くの人がこのキノコを地下室で栽培して楽しんでおり、彼らはベーコンのために育てられているブタや、卵のために飼われているニワトリのように、このキノコの保存に協力しているのだ。

アメリカの連邦法は、マジックマッシュルーム自体を不法な薬物として規定してはいないが、シロシビンとシロシンはヘロインやＬＳＤと一緒に、スケジュールⅠ薬物としてリストに載せられている。つまり、キノコが幻覚作用物質を含んでいれば、そのキノコを持つことが違法になる、また、菌床栽培を始めるために、マジックマッシュルームの種菌を持っていることも違法になるというわけである。胞子からはシロシビンが検出されていないので、マジックマッシュルームの胞子の取引は栽培者の間で抜け穴とみられているが、この仕事は関係者全員にとって危なっかしい商売になっている。たとえば、イギリスではマジックマッシュルームの所持だけで、七年未満の禁固刑が科せられ、このキノコを誰かに売ると、無期禁固刑になる可能性もある。厳しい取り締まりにもかかわらず、小さなポリ袋に入れて売られるキノコは入手しやすいので、結構繁盛しているという。大西洋を挟んだ両側の小規模な栽培者の間で、いい商売になっているようだ。マジックマッシュルームの市場が限られている要因の一つは、キノコを食べてしまった後も、長い間戻ってくる恐ろしい幻覚、いわゆる「幻覚の再現」を、潜在的な消費者が怖いと思っていることにあるらしい。これはマジックマッシュルームの愛好家にとって、きわめてまれな体験だと思われるが、医学論文では幻覚剤持続性知覚障害（ＨＰＰＤ）といわれており、研究された症例は少ないが、きわめて厄介なものだという。[註27] 幻覚の再現の話はさておき、シロシビンが「精神分裂症の急性初期段階のある側面によく似た、典型的な精神異常を引き起こす」と神経薬理学者たちが結論づけた研究結果は、私にとって衝撃的だった。[註28] ともあれ、春の花と美味しいワインだけで十分と言っておこう。

マジックマッシュルームを食べた人が、よく口にすることだが、より深く自然とつながっているという感覚は、認識について現在通用している理解の仕方では、説明しがたいところがある。大脳新皮質にある電気的活性を変化させるこの症状は、ニューロンの特定のグループにつながっているわけではない。しかし、もし研究者たちが高解像度のスキャナーを使うようになれば、いつかきっとシロシビンなどによる、幻覚剤の影響を検定できるようになるだろう。ただし、不幸にして、ハリエット・ド・ウイットが書いた『精神薬理学』に載った、ジョンズ・ホプキンズ大学の研究に関する評論には、「科学の領域の外側にある解析不能な現実」の影響については門戸を開いておくと書かれている。[註29]これは、革新的な仕事の後で、また、えせ科学に戻るようで、私には危なっかしく思える。

ポール・スタメッツは、一九六〇年代から七〇年代にかけて取り組んだキノコ探しの旅が、環境問題の傘の下で語られる、もろもろの社会運動の誕生につながっていることを明らかにしている。精神異常者たちに共通する自我喪失感は、この一部かもしれないが、もし、人間以外の自然物とより破滅的でない関係を目指して、人間性を変えようと思うなら、おそらく、我々は地球規模でキノコ崇拝を巻き起こす時期に来ているのかもしれない。何より、多くの間違った神観念が、がむしゃらにほかの生物との関係を否定し、生物圏を汚す方向に向かっているように思えてならないからである。

神について言うなら、マジックマッシュルームの研究は、神の棺桶の蓋に打ち込む最後の釘を人類に与えてくれることだろう。もしも、シロシビンが神に急接近する宗教的体験の徴候を作りだすことができるとするなら、それはすべて我々の想像の産物にすぎないのだ。もっとわかりやすく言うなら、ティミー（ラッシーだったかな）が井戸に落ちた時に助けてくれた、愛すべきだが不確かなもの、幽霊のような奴ということになる。ゴードン・ワッソンが宗教の起源を理解するための秘密を、キノコが握っているとしたのは正しかったが、その理由は間違いだった。後に後継者たちが広めたことだが、現代の宗教がマジックマッシュルームで酩酊する祭祀などの古代の慣習から発展してきたとする理論は、問題にもならないとされている。

一方で、シロシビンは研究者たちに、新しい明確な神経病理学的で、かつ事実認識に基づいた、超自然的現象に対する説明に接近する機会を与えたのである。超自然現象を信じることは、キノコで夢を見る以外の何物でもなかったというのが、本当の所なのだ。

第8章　寿命は延ばせるのか——キノコと医薬品

癌の治療法はすでに存在している

この本は、身近にあるのに、悲しくなるほど正当に評価されていない自然の一部、すなわち、森の木の根に絡まっている傘型のキノコや、腐った倒木に生えているサルノコシカケの仲間、庭の地面からにょっきり出てきたスッポンタケ、巨大なオニフスベ、分子工学の傑作ともいえる、市場に並んだボタンマッシュルームなどを、褒めたたえるために書いたものである。それはまた、この問題を追いかけることの正当性を訴えたいがためでもある。というのは、菌学の主題がほかの科学領域の場合と異なって、何世紀もの間迷信によって大きく歪められてきたからである。キノコが出てくる民間伝承は、キノコが人の心の中に生き残る助けにはなったが、同時に訳のわからないものにしてしまった。菌学の間違った流れは無教養な人々の隠れ蓑になり、その下で大衆は超自然的な力について、見当違いの考えにひたり、恥知らずな馬鹿騒ぎに浮かれることになった。

暗い森の中にいるキノコと魔女のつながりなどなど、いい加減な話は、一九六〇年代に始まった幻覚性キノコの流行を除いて、二〇世紀のうちにしぼんでしまったはずである。ヨーロッパの神話と結びついたキノコを食べる風習は、最も熱狂的なマニアたちが、掛け値なしのキノコ好きになったという結果に落ち着いている。今日、この反文化的現象は、キノコのような変なものは神秘的な力を持っているに違いないのだから、老化した免疫機構を刺激したり、衰えた精力をとりもどさせたり、現代の食生活で汚染された内臓をきれいにしたり、死にそうな患者を生かしたりする、カギを握っているかもしれないといった、不合理な信仰を煽り立てる原因にもなっている。なお、この章には、根拠薄弱な推理や物欲しげな考え、精神的優越感による自惚れに隠された商業的意図などに妨げられない、偉大な自然の産物の真価を認めてほしいという著者の願いが込められている。

私の父は二〇〇九年に、とり立てて世にいう原因となるものに曝されたわけでもないのに、アスベスト癌による胸膜の中皮腫が悪化して亡くなった。父は癌と診断されて化学療法を受けてから一年間、ほかの患者よりも長く生きて、その間比較的順調に過ごすことができた。副作用は、化学療法処置のたびごとに止まったので、我慢できるほどだった。父の死後数か月たったころ、私はオンライン・ニュースレターの編集者、マイク・アダムズが書いた次のような文章を目にした。

「癌の治療法は、すでに存在している。ただ、それは研究室で作られたものではなく、ピンクのリボン商品（訳註：寄付金を集めるために特定の商品を買うと二パーセント寄付することになる慈善運動）やウォーカソン（訳註：慈善事業のための寄付金集めや政治目的のために長距離行進すること）の寄付金に頼ったものでもない。それは母なる自然が無料で作り出したもので、薬用キノコで見つかった、実際に強力な抗癌作用のある、何千もの健康食品の山なのだ[註1]」

もし、私がこのことを知っていたら、父の病気は乾燥キノコが入ったカプセルで治療されていたことだろう。「癌の治療法は、すでに存在している」というのだから、今でも彼は生きていたはずだ。このニュースはさらに調子づき、癌患者の熱い期待に応えて、キノコの効能書きがますます世間に広まっている。事実、裕福な先進国の大衆を製薬業界の奴隷にしようという、現代医療業界の国際的共同謀議に背いて、キノコはあらゆる病気から救ってくれる安上がりの薬になっているのだ。次にあげる www.botanicalpreservationcorps.com の宣伝文句を読んでみたまえ。

「薬用キノコは、現代人を苦しめている多くの疾病を取り除いてくれるかもしれない。科学的研究によって、数多くの有益な生理活性物質、なかでも免疫促進効果のある多糖類と呼ばれている、菌の種に特異的で複雑な糖の高分子化合物が発見されている[註2]」

疑わしいチョレイマイタケの薬効

カリフォルニア州のセバストポールに本拠を置く「Botanical Preservation Corps（植物保護団体）」は、「調和して共鳴する植物界の構成要素と、人類との関係をさらに深めるのに貢献する」という（「有益」とか「調和」という言葉は、客観的な医学情報を求めている、すべての懐疑論者に対する警告として役立つことだろう）。この団体のウエブサイトを通して、チョレイマイタケ（*Polyporus umbellatus*）（訳註：中国語名および漢方薬名は猪苓《ちょれい》）のものなど、一二種類の抽出物が販売されている。

「最先端科学の研究結果は、この物質が強力な抗癌剤、体に優しい抗生物質、抗マラリア剤、抗炎症剤であり、肝臓にも効くことを明らかにしている。また、中国での研究によると、これは肝硬変やB型肝炎の治療にきわめて有効で、肺癌の化学療法による回復過程で免疫機構を守るのにも役立つことがわかっている」

一ダース以上のキノコについて、同じような素晴らしい宣伝文句が並んでいるが、ここで、もっと詳しくチョレイマイタケを見ることから話を始めよう。この菌のコロニーは広葉樹の根に入って白色腐朽を起こさせ、根元がくっついて硬い塊になる茎のある、トランペット型のキノコが集まった房状の子実体を作る。さらに、この種はキノコだけでなく、地下に菌糸が集まった凝固物、すなわち菌核を作り、それからコロニーが広がり、新しい子実体が出ることもある。ほかの菌の菌核は球形だが、チョレイマイタケのものは、黒くて皺の多い表面を持った枝分かれした形をしている。一見、この菌核はヘラジカか、おなかの調子が悪い同じ大きさの有蹄類の乾いた糞のようにみえる。これは、伝統的な漢方の利尿剤として、古くから使われてきた。膀胱が圧迫されて溜まった尿が出るまで、患者の直腸に菌核を少しずつ挿入するという。しかし、この座薬の使い方は、昔流のおおよそ効き目のないことがわかっている、多くのばかばかしい事例の一つで、まったく馬鹿げたでたらめな話なのだ。保証付きの用法は「朱苓」としての名が通っているこの菌核を削って、ハーブティーにして飲むことである。いずれにせよ、私はコップ一杯のハーブティーが、おばあちゃんのちょろちょろとした小便を、競走馬の勢いに変えてしまうことに疑いを抱いているわけではない。しかし、この万能薬の副次的効果を考えると、つい疑ってみたくなるのだが。

アメリカの猪苓販売業者たちは、伝統的な利尿剤としての薬効以上に、はるかに有益なものだと唱えている。「完全菌」社（第7章で触れたポール・スタメッツの会社）のウエブサイトでは、抗細菌、抗炎症、抗癌、抗ウイルス、また免疫機構に対する効果や肝臓の強壮剤としての効果、呼吸器系疾患の治療効果などがあげられている。[註3]これらの主張には、それぞれ、それなりの科学的根拠があるという。[註4]猪苓の抽出物をマウスの腹膜に注射すると、腫瘍の成長率が抑えられた。さらに、この抽出物はフラスコで培養されて成長している、別種の癌細胞を殺し、膀胱の癌腫除去手術後の患者に起こる、再発を抑制したという。これは手始めにすぎない。このキノコから採った抽出物は、免疫機構に対して刺激的効果を持っており、人間の毛髪が生えるのを促し、クラミジア感染症の治療に効果があり、抗マラリア剤としても有効とされている。[註5]これらの主張の背景にある科学上の問題は、その根拠のほとんどが一九八〇年代の中国の科学雑誌に載ったもので、もとの研究内容の質を検討するのがきわめて難しい（ほとんど不可能である）ため、信頼性に欠けるという点である。この担子菌のキノコから採った抽出物が、ある種の癌の治療に有効でないと、言うつもりはないが、癌が治ったと公表する前に、慎重な研究が数多くなされていることが絶対に必要なのである。

過剰宣伝と規制強化

ほかの多くのキノコと違って、チョレイマイタケについては、血圧降下剤としての効果も、血糖値を安定させる効能も、コレステロール値を下げる効果も、強さと持続時間の点で立派に勃起させる効能も謳われていない。一種類のキノコにあらゆることを期待するのは無理なので、キノコを売り込んでいる商人たちは、多種類のキノコから採った抽出物を混合して売る方向に向かっている。実際、「完全菌」社は「一七種類の強力なキノコ」からとった物質を詰めたカプセルを販売している。これは特に再発した膀胱癌を患っている、糖尿病患者には効き目があるに違いない。この患者は、キノコが詰まった一握りのカプセルを「カワラタケ茶」（訳註：カワラタケのエキス入り飲料）で流しこむそばから

「MycoShield™ Throat Spray（喉スプレー）」を使い、硬質菌入りの強化ゲルで全身マッサージを楽しみ、「イヌやネコやウマが良い味だと保証した」「MUSH™ Mushroom Blend for Pets」（キノコのエキス入りペットフード）をペットに食べさせ、旺盛な性生活を楽しみ続けることだろう（訳註：「商品名」は「Fungi Perfecti（完全菌）」社のウエブサイトで大々的に宣伝されている）。家族のほとんど全員が、何らかの軽い病気を持っているなら、もし望まれれば、きっと誰かがキノコエキスを勧めることだろう。「植物保護団体」のウエブサイトの下についている注意書きは、産業界の標準的な書き方だが、もちろん、それは企業全体には付け足しで、「このウエブサイトに載せた記述内容は、医学的な注意事項ではなく、ＦＤＡによる評価を受けたものでもありません。私たちの製品は、どのような病気の診断、措置、治療、予防などを意図したものでもありません。この注意書きは『連邦食品・医薬品・化粧品法』という法律によって要求されているものです」と書かれている。「完全菌」社のものはもっと簡単で、「この注意書きは、アメリカ食品・医薬品局の評価を受けていません」とある。悪魔はこのプリントの中にいるのだ。

アメリカ食品・医薬品局（ＦＤＡ）は、医薬品や医療器具、食料供給、化粧品、健康食品、医療用画像処理装置、放射線放出物などの安全性を保証することによって、国民を守る責任を果たしている。口角泡を飛ばす無政府主義者の言に従えば、税金の無駄使いだということになるが、会社が医薬品から水銀を除いてくれると思っていない一般人の我々にとって、政府がとってくれる有効な手立ては「サラダ」と「肝炎」が同義語にならないことを保証し、次回の歯科エックス線撮影で毛が焦げず、唇が黒くならず、歯が欠けないように監視してくれることぐらいである。ほかのサプリメント（栄養補助食品）と違って、医薬品として売られているキノコは、医薬品というよりも食品として規定されている。これはとりもなおさず、ＦＤＡの許可なしに、キノコ関連商品を皮膚のたるみから肺癌に至るまで、あらゆるものの治療薬として市販できるということなのである。[註6] ＦＤＡは製造方法を規制しており、キノコのカプセルが大便で汚染されていないことなど、いろんなことを保証し、ラベルを貼ることに対して法的権限を持っている。このことは、キノコ製品に貼ってある但し書きを見ればよくわかる。いったんＦＤＡの認可が不要と決まると、その会社は製品の効能を宣伝するのに、かなりの自由度を持つことになる。大胆に宣伝しているのは、「完全菌」社だけではないが、そのカタログの中から二、三拾ってみると、七種類のキノコを混ぜたものを「強壮剤」（ひどく曖昧なカテゴリー）と表示して「最盛期の活力と健康が保たれる」といい、ある種のキノコから採ったエキスを詰めたカプセルが、「健康増進と抗炎症および抗酸化効果」の元になるとして売られている。また、「同毒療法による局部鎮痛用ローション」は、毛根管症候群などの神経機能障害を含む、「軟部組織の痛み」の治療にお勧めという。[註7] ローションの中の活性成分は、硬質菌のエブリコ（*Fomitopsis officinalis*）から採ったもので、この菌は「痛みの原因となる傷をいやすために、自然かつ安全に体を刺激する」方法を提供してくれるという。この主張は、ある程度当たっているが、臨床的に証明されたものではない。

連邦公正取引委員会（ＦＴＣ）は、キノコのためになされるインチキ宣伝にかかわっている、二番目の独立行政法人である。ＦＴＣが消費者に対して行う最も重要な勧告は、医薬用の栄養補助食品については、医者の意見を聞けというものである。これは疑いもなく正しい忠告だが、もし強制されなければサプリメントの製造業者は、ラベルの片隅に小さな文字で否定的なことを印刷する以上のことをやりそうにない。アメリカ政府の権限を持った、二大組織による監督の強化は、医薬用キノコ市場の利益を直接損なう恐れにつながり、「キノコは癌の特効薬」と言い立てるキノコ供給業者と、勧告書を送りつける連邦政府との間の、イタチごっこが過熱している。この行き詰まり状態を、法的規制によって解決しようという努力はなされているが、すぐ何とかなるものでもない。ただ、おそらく消費者にとっては、正しい方向へ向かっていると思われる。[註8]

EUにおけるサプリメント政策も、広い意味でアメリカの場合と同様、消費者を守るという基本方針では一貫している。結局のところ、疾病の治療に用いる場合には、キノコ抽出物の効用のすべてが科学的に立証されていなければならないのである。そして（著者は哀れなほどの無邪気さでいうのだが）どの民主国家でも、業界団体のロビイストたちには最終決定を下す権限はない。研究に研究を重ねてこそ、健康食品に貼られたラベルの宣伝文句を監督する、政府の大きな権限を大衆が支持するようになるのである。[註9] 大衆は自分が今飲んでいるのが何か、腫れ物が小さくなる見込みがあるのかどうか、知りたいだけなのだ。

有望なグルカン

話の終わりに、キノコ類の薬理学的効果について、客観的に評価している最近の研究を紹介しておこう。菌糸細胞を取り巻く細胞壁の大部分を占める多糖類が、癌細胞の成長に影響を与えるかもしれないという証拠があがっている。この糖分子の紐は、β-グルカンと呼ばれており、その中には糖類の間の化学結合の位置によって区別されるものが、いくつか知られている。グルカンは長いらせん状か渦巻き状構造になり、三重らせん状構造のような、より複雑な形を作ることもできる。この糸は互いに、またキチンなどのほかの分子とより合わさって、水分の多い細胞質を保護する、丈夫な織物のような細胞壁を作る。グルカンは、キノコの組織を水で煮沸すると抽出され、アルカリやエタノールに溶け、取り囲んでいる物質を酵素で溶かすと、純化することができる。精製されたグルカンの効果は、様々な血液細胞と混合したり、マウスに注入したりして検定されている。その実験結果は前途有望だが、ベス・レイ博士が小冊子『Discover the Beta Glucan Secret（β-グルカンの秘密の発見）』の中で、「β-グルカンは、ウイルスや細菌、菌など、寄生的か、または発癌のもとになる侵入者に対して防御機構を作り出す、体内免疫反応の引き金を引く」と公言している。[註10]

キノコのグルカンが、癌細胞の認識を含む免疫防御反応の中で、きわめて重要な役割を演じている樹状細胞の活性化を促すことは、すでによく知られている（免疫学101：樹状細胞が抗原をとらえてそれをT細胞に伝え、T細胞はヘルパーT細胞に変化し、ヘルパーT細胞がインターフェロンとインターロイキンを作り、マクロファージやエオシン好性白血球、抗体を生産するB細胞などの免疫機構の中にある働き手を活性化させる）。グルカンと樹状細胞の関係を明らかにした証拠の大半は、室内実験によるものだが、類似した反応はマウスを使った実験からも得られている。[註11] 最も重要なのは、グルカンを注射されたマウスが腫瘍の成長に対して、いろんな防御反応を示したことである。幾人かの研究者たちは、グルカンの注入による効果は、腫瘍に対するワクチンの働きに似ているともいう。グルカンを注入されたマウスでは、マクロファージの機能が高まり、キノコのグルカンを食べたマウスでは、ナチュラルキラー細胞という免疫機構の中のもう一つの細胞の活性も高くなったという。紹介した研究結果は、審査を受けた学術雑誌に載った、数多くの論文に基づいたものだが、動物を扱った実験はきわめて少なく、ずさんな研究計画のために価値が損なわれている。キノコの免疫生物学関係の論文審査者によると、「この研究は体系的ではない」そうである。[註12]

カワラタケの抗癌剤PSKとPSP

テキサス州のヒューストンにある、MDアンダーソン癌センターの研究者グループはカワラタケに特化して、文献調査を進めている。[註13] 第3章で述べたように、このキノコの通称名は「シチメンチョウの尾」である。これは白色腐朽菌で、表面には色彩に濃淡のある筋があり、小さなサルノコシカケ型のキノコが折り重なっていて、見るからに楽しくなる可愛いキノコである。何十年にもわたって、このキノコの抗癌作用に関心が集まり、マウスを使った実験でポリサッカライドK（PSK）という、特定の細胞壁構成物質が有望だとされてきた。PSKは多糖類がタンパク質に結合した、プロテオグリカンの一種で、その働き方はβ-グルカンが起こす免疫活性化とは異なる。何人かの研究者たちは、PSKは抗酸化剤として働き、染色体異常を抑えることができるという。また、この物質は癌細胞の成長を直接阻害することにもかかわっているらしい。カワラタケから抽出された二番目の物質はPSPと呼ばれているが、マウスを用いた実験では、これにも抗癌効果が見られたという。PSPは免疫機構に対して、種々の効果を示すが、PSK同様大方の興味を惹いているのは、抗酸化剤としての働きである。MDアンダーソン癌センターの研究者たちは、この物質について公表されている膨大な文献をまとめた。それによると、アジア（訳註：日本）で行われた研究では、直腸癌と診断されて化学療法とPSKの経口薬を併用した患者と、化学療法単独の患者の生残率が比較された。一〇年後の生残率は、PSKを服用した患者のほうが高く、肺癌患者の場合にも、ほぼ同様の結果が得られている。PSKとPSPを扱った人体実験の大多数は、キノコのエキスを服用しなかった患者の対照グループを含んでいたが、一九九七年から二〇〇五年までの間に公表された四〇報のうち、ただ一つだけが無作為抽出したものを対照としていた、目隠し臨床試験の結果だという条件を満たしていた。グルカンの研究と同じで、カワラタケの抽出物に関する研究も穴だらけだが、その結果は刺激的である。おそらく、将来さらに研究が進めば、新しい癌治療法になることも可能だろう。はっきり言っておくが、この文章はこの製品についてキノコ業者がいう法外な主張とは、一切無関係である。

医薬用キノコの双璧

医薬用として売られているキノコの中では、おそらくレイシとシイタケが最も有名だろう。レイシは硬質菌の *Ganoderma lucidum* の日本名だが（訳註：レイシは中国名霊芝の日本語読みで、和名はマンネンタケ）、このキノコはアジアで数千年の間、便秘から癌に至るまで無数の病気の治療薬として使われ、不老長寿のキノコともいわれてきた。その子実体は明るい光沢を持っているか、もしくはニスを塗って仕上げたような強い赤褐色である。mushroomexpert.com の編集者、マイケル・クオは「これは世界中で最も美しいキノコの一つだ」という。第2章であげた、兆単位の胞子を出す巨大なコフキサルノコシカケ（*Ganoderma applanatum*）の近縁種だが、マンネンタケも実際かなり大きくなって、コフキサルノコシカケの多産に匹敵するほど胞子を出すことがある（巻頭口絵16）[註14]。菌糸は広葉樹の材を腐らせ、時に生きた木を攻撃し、倒木を分解する。中国や日本では材木を日陰に埋めて栽培し、子実体が出始めてから五年の間収穫する。また、このキノコは糖蜜に浸しておいたノコ屑やチップを袋詰めにした培地で、促成栽培されている。[註15] 一か月ほどすると、培養袋の塊から子実体が出てくる。その硬くなった子実体から採った抽出物の効果について、カワラタケなどの医薬用キノコの場合と同じやり方で、動物実験が行われている。人体での臨床実験例も多く、マンネンタケが肺や心臓の機能に対して有効に働くことが喧伝されている。これについても英文報告が少なく、認可を受ける医薬品に必要とされる、厳格

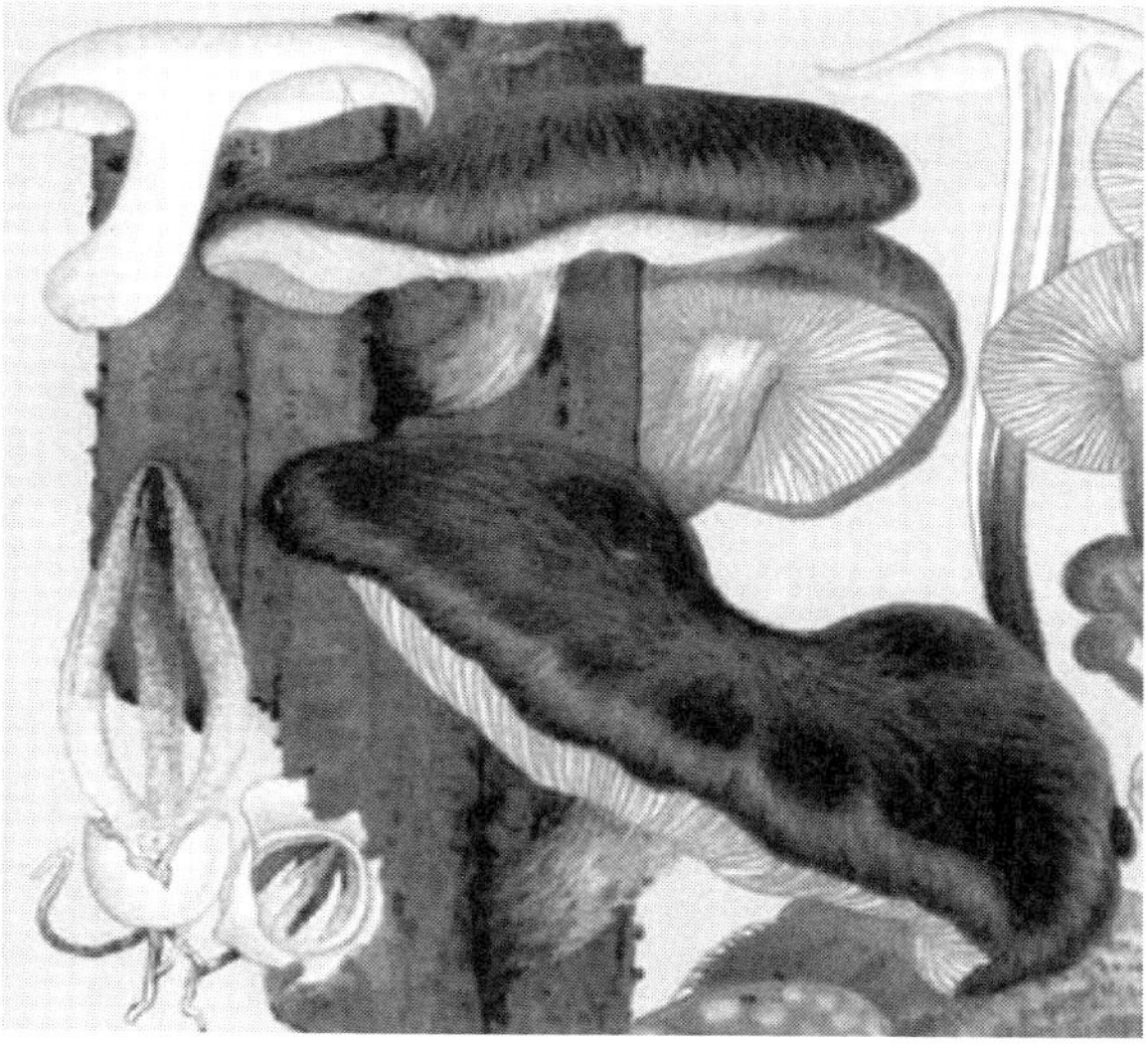

図 8.1　シイタケ（*Lentinula edodes*）
左下に描かれているのはサンコタケ（*Pseudocolus shellenbergiae*）
川村清一：日本菌類図譜（東京：林野庁、1911–1925）

な審査基準を満たすものはほとんど見当たらない。

ヒダのあるキノコであるシイタケ（*Lentinula edodes*）は、有名な医薬用キノコである（図8.1）。このキノコは何千年もの間栽培されており、その効能書きはオンラインや印刷物を見る限り、ずば抜けて多いが、ほかのキノコとまったく大同小異である。以下にあげる www.shiitakemushroomlog.com のコメントは、その典型である。

「シイタケは自然の抗ウイルス効果と免疫促進効果を持ち、栄養上も有用で、ウイルスを抑制し、コレステロール値を下げ、血圧を調節します。シイタケから抽出された免疫促進剤のレンチナンは、癌やエイズ、糖尿病、慢性疲労症候群、胸部線維嚢胞症などの治療に使われ、際立った効果を上げています」

シイタケのレンチナンとエイズ

シイタケが持っている噂の生理活性物質は、レンチナンという細胞壁のβ-グルカンに近いもので、LEMと略記されている、菌糸体から抽出された多糖類とタンパク質の複合体である。『Medicinal Mushroom（医薬用キノコ）』という本の中で、クリストファー・ホッブスという鍼療法士は「シイタケは癌やエイズ、カンジダ症……から普通のインフルエンザや風邪などの、免疫機能の低下に伴うあらゆる病気の治療に使われている」という。[註16] エイズに効くというのは、興味があるのではないだろうか。現代の人類に下された天罰ともいうべき、不治のウイルス病が、抗レトロウイルス剤を使って何とかできるようになったのは、現代医学と薬剤開発研究の勝利だが、それが今やシイタケで治るというわけだ。この驚くべき主張がインターネット上で、ますます広がっているが、それが慎重に計画された臨床試験の正確な結果に基づいていないと聞いても、あなたはもう驚かないだろう。ところがどうして、この証拠が一九八四年に公表されたのである。ただ、それがたった二人の一回きりの試験結果によると知ったら、仰天することだろう。しかも、そのうちの一人はＨＩＶ患者でなかったのだ（私は開いた口がふさがらない）。この仕事で最も気がかりなことは、その論文が高く評価されている定期刊行物の『The Lancet』（訳註：イギリスの医学専門誌）に載ったことだ。しかも、著者たちは日本、フランス、アメリカにある、一流の研究機関に所属する国際研究グループのメンバーだったのである。[註17] この研究報告の公表が一九八四年だったことも無視できない。というのは、一九八二年までこの病気には名前がなかっただけでなく、一九八三年にパスツール研究所で、一人の患者からこのウイルスが分離されるまで、病原体は不明のままだったからである。シイタケを用いた被験者の一人は、乳癌の治療から回復しかかっており、その女性の血液中には白血球が少なく、血清中のウイルスのＨＴＬＶⅠとⅢに対する抗体があったという（ＨＴＬＶⅢという名称は、一九八六年にＨＩＶがエイズウイルスに用いられるまで使われていた）。おそらく、彼女は輸血を通して、このウイルスに感染したのだろう。この患者の静脈にレンチナンが点滴注入されると、リンパ球と血小板の値が増加して、ナチュラルキラー細胞の活性が回復し、その後の血液検査ではウイルスが検出されなかった。二人目の患者にも同様の結果が見られたが、彼はＴ-細胞白血病とＴ-細胞リンパ腫の原因になるウイルス、ＨＴＬＶⅠにだけ陽性で、エイズとはまったく無関係だった。

研究のタイミングが問題だとすれば、研究者たちの熱意に免じて許されるが、二一世紀になってからの誤った引用は、道義に反する。一体全体、エイズに終わる免疫機構の障害を抱えている患者個人にとって、レンチナンが効果的な治療薬であるという証拠はどこにもない。スイスのＡＢＯ社のウエブサイトを頼りにしている、救いようのない患者のことを考えながら書いていたら、ますます腹が立ってきた。

たとえば、そこにはレンチナンやレイシのエキス、「コラ・コリイ・アシニ（ロバ皮の軟膏）」（訳註：黒ウマやロバの皮から採ったゼラチンで、漢方薬として使われている）、亀の甲羅など、二ページにわたって「自然から採った抗ＨＩＶ剤」の商品リストが挙がっているのだ。[註18]

万能薬はない

レンチナンのために出された馬鹿げた宣伝文句は、その明白な生理活性と免疫機構に対する効果を覆い隠している。シイタケ製品の販売業者たちは、夢のような癌治療効果の宣伝が派手になるにつれて、商品を望む声が大きくなると断言している。これは逆効果になるかもしれない。虫刺されに効くものがないかと思って薬屋に飛び込んだ時、抗炎症効果に加えて、関節炎や梅毒にも効くという軟膏をつかまされることはない。一方、関節炎に悩まされていないか、スピロヘータを持っていない場合、かゆみ止め軟膏を探していた私は、特定の効能が書かれていないことに、ひどく不安に駆られるだろう。医薬用キノコの場合、副作用の記載がないことも、効能書きの背景に科学がないことを表している。キノコエキスの宣伝文句にあるほど、強力な薬理的効果を持ったものがあるとすれば、必ず同程度の有害な副作用が出てくるはずである。副作用がないということは、医薬としての効果もないのだといえるだろう。もし、将来の研究によって、レンチナンが有用な医薬品だということが立証されれば、その市場への参入は、今日カトリックがとっている万能薬販売政策によって、つぶされてしまうかもしれない。何十年か前の麻薬常用者たちを思い返してみると、二〇二五年ごろの慎重な消費者たちは、iPaper に出てくる立体映像の広告を見て、これはインチキ薬だと思うかもしれない。医薬用キノコの市場が、将来発展することを真面目に願う人は、このことをよく考えてみるべきである。

商品名をレンチナンという、シイタケの細胞壁グルカンの混合物は、確かに免疫機構の多くの働き手を刺激する効果を持っている。しかし、実験動物による免疫反応の場合、シイタケから採ったこの糸状の分子が、ほかのキノコから採ったものよりも強い効果を持っているのかどうか、誰も明らかにしていないのである。レンチナンがリンパ球を増やすという事実それ自体は、まったく驚くべきことではない。動物と菌類は一〇億年以上前に単細胞の祖先から分かれて以来、この地球を分け合い、おそらく菌類はかなり長い間動物に感染し続けてきたはずである。大西洋にいるアメリカカブトガニ（*Limulus Polyphemus*）はオルドビス紀にクモ類の系統から分かれている。このカニの免疫機構はしごく簡単で、アメボサイトという単純なタイプの細胞でできている。このアメボサイトは、カブトガニの血液中の細菌を識別し、侵入してきた細胞の周りに、固定するためのゲルを作る凝固作用を起こさせる。菌が作るグルカンも、これと同じ反応を起こさせるのである。[註19] カブトガニの単純な免疫機構が、細菌や菌類以外にほとんど反応しないというのは、これらの微生物が動物に何よりも大きな恐怖を与えるものだったことを暗示している。グルカンに対するカブトガニの感受性に照らしてみると、ずっと複雑な人間の免疫機構を、レンチナンが攪乱するのも驚くにあたらない。また、人の免疫機構を刺激するのが良いのかどうか、これも考えておく必要がある。もし、ウイルスに対する免疫反応が損なわれている場合なら、より強い反応が望ましいということになる。また、もし免疫反応が炎症の元になっている場合なら、計画的に与えた刺激を考え直したほうがよいのかもしれない。湿疹や蕁麻疹、花粉症、喘息、食物アレルギー、生命にかかわるアナフィラキシー反応などにかかる恐れがある、細胞のメカニズムを活性化するのに、何の利益があるのだろう。免疫刺激が自己免疫症を悪化させて、癌細胞の拡大を促すことはないのだろうか。ハリエット・ホールは『Skeptic Magazine（懐疑論者誌）』の中で、「免疫機構を増進させるよりも、むしろその機能を正常に保つようにするべきだ」と書いている。[註20]ただし、消費者が騙されやすい場合は、多くの事実も意味をなさないのだが。

流行る代替医療と健康食品

アリゾナ州のツーソンにある、アリゾナ大学統合医療センターの設立者で理事、代替医療やその製品の帝王でもある、アンドルー・ワイル博士のもとを訪ねてみよう。彼のキノコに対する商業上の興味は、一つのプロダクトラインに限られているが、彼のキノコ医療に対する見方は、制約の多さと医薬用キノコ事業の過熱を反映しているので、ここで詳しく紹介しておく価値があると思う。ワイルは大きなアゴひげとキラキラ光る眼を持った男で、植物やキノコ、それに「高い自我意識」に治癒力があると主張する指導者として名が売れている。彼は一九七〇年代に出版した『The Natural Mind（ナチュラル・マインド）』[註21]をはじめとして、代替医療に関する数多くのベストセラーを出した著者であり、健全な老化やビタミン、サプリメント、バランスのとれた生き方などについてアドバイスする、自称「あなたが信用できる健康アドバイザー」という看板を掲げている。代替医療分野のほかの競争者たちと違って、ワイルは名門校（ハーバード大学）の医学部を卒業したことを誇りとして、「自分は医学のほとんどの領域に精通していると思っている」[註22]らしい。彼は無上に満ち足りて自己満足に浸る、健康について瞑想する指導者というイメージを作り上げることに成功し、テレビのトークショーにレギュラーとして出演することで、自分の本と医薬品の売り上げを増やしてきた。ワイルは、医学知識に乏しいアメリカの大人たちが認めている、麻薬の制限付き容認に賛同しているが、今流行りの健康保険制度改正への国家的活動の中で賢人の役割を果たそうとして、昔性格が変わるような麻薬に熱中していたことから、距離を保とうとしている。もっとも、彼はＬＳＤにふけっている間、膝にネコを座らせて、ネコ科の動物に対するアレルギーを治したと語っているのだが。[註23] 近年、彼は気分転換のための麻薬や願い事、瞑想などの治療的価値よりも、むしろ健康食品についてより多くの本を書いている。彼が健康管理の専門家として、真面目に受けとめてもらおうと努力しているのをみるにつけ、ジョージア州北部にしかない、キュウリに似た匂いのする幻覚性キノコの新種に、*Psilocybe weilii* という彼にちなんだ名が付けられたことを、嘆いているかどうか、私は大変気がかりである。[註24]

キノコを化粧品へ取り込んだことで製品コストは上がったが、顔に塗るクリームを「コスメキューティカル（機能性化粧品）」に変えたことで、ものによってはバカ売れしている。なお、「コスメキューティカル」という用語は、製造業者が何らかの医療効果があると主張する成分を含む化粧品類のどんなものにも、適用されている。たとえば、日焼けした皮膚に良い匂いのするペーストをすりこむことが、あなたにとっていいことかもしれないとほのめかす以外、この用語には何の明確な意味もないのだ。ワイルは彼自身のライン（Dr. Andrew Weil™ for Origins）を通して、この手の商品を大量にさばいている。その中には、「Weil Juvenon（ワイルの若さ）」や「健康な細胞を守り育てる」のを助ける「科学に裏打ちされたサプリメント」、「総合的なお肌の手入れ」などが含まれている。[註25] さらに、ワイルは顔に塗るクリームや化粧落とし、眼のメーキャップ落としの「アイセーラム」、リップクリーム、ボディークリームの「ベッドタイム　バーム」など、多くのものに「メガマッシュルーム　ブレンド（たくさんのキノコを混ぜたもの）」を使っている。このような化粧品は多数の成分を含んではいるが、ウエブサイトでは「メガマッシュルーム　ブレンド」の活性について、湿り気を保ち酸化を防ぐという一般的な説明以外、はっきりした解説を載せていない。一方、キノコが一体全体化粧品の添加物として、どのような効果を持っているのか、それについて何の証拠も示されていない。消費者はほとんど女性だが、彼女らが顔にこってりと塗る石油製品のジェルに、キノコはちょっとした物珍しさを加えているだけなのだ。[註26]

キノコと抗酸化剤

キノコは肌の手入れをする多くの製品に使われ、その抗酸化剤としての機能が謳い文句になっているが、キノコの抗酸化作用について明言するのは難しい。というのは、これが限りなく曖昧模糊とした領域、つまりえせ科学の世界に我々を引き込んでしまうからである。抗酸化剤は大きな商売の種で、今や「強力な抗酸化剤」という言葉が、あらゆる種類の商品に加えられている。USDAは何とか禁止しようとしているが、朝食に出されるシリアルは、抗酸化作用と免疫促進作用があるといわれて、市場に出回っているのである。

我々を含む生き物はすべて、酸化作用によって傷つけられている。細胞膜にある脂質からタンパク質や遺伝物質に至るまで、身体を構成するすべての分子は、酸化作用に感受性が高く、この微小なスケールでの長期間にわたる傷害によって、組織や器官が損なわれている可能性がある。体の分子を酸化する化学物質は、我々を取り巻く環境に由来するが、それはまた、我々自身の代謝経路を経て、自然に作られているものでもある。体細胞はカタラーゼやスーパーオキシドジスムターゼ（超酸化物不均化酵素）、パーオキシダーゼのような酵素を含む、防衛のための抗酸化物質を生産して、攻撃に対抗している。実験によれば、抗酸化剤として働く多くの物質が、食品の中にあることは事実だが、我々は子供を守るものを、どのようにして朝食のシリアルから摂っているのだろう。シリアルの製造業者たちの意見によれば、自分たちの製品は抗酸化剤を含んでいるのだから、食物として摂ると効果があるかもしれないという。問題は、我々が食べる食物の中にある抗酸化物質が、体内で吸収されたとき、抗酸化剤として保護的に働くという、証拠がないことである。

　色とりどりの果物や野菜は抗酸化剤に富んでおり、それが多い食事をとっている人々は、現代生活に多い癌などの病気にかかる率が低い傾向があるとされている。ただし、この観察結果から、食品に含まれる抗酸化剤と人間の健康との間に、つながりがあるとは言い切れない。何らかの関係はあるかもしれないが、研究結果はそれを支持していない。色とりどりの食品が健康に良いというもう一つの理由は、果物や野菜の食物繊維の含有率が高いことと、加工しない食事が多くなるために、加工食品を摂る比率が下がることである。キノコも、ほとんどフェノール化合物の形で、抗酸化剤を含んでいる。これも有効な構成成分かもしれないが、多くの果物や野菜で知られている濃度を超えるほどでもなく、クランベリーで測定されているレベルにも達していない。抗酸化剤と人間の健康との関係は不確かで、クリームに含まれている抗酸化剤とお肌の若返りは、まったく無関係なのである。

未来に期待すること

　お察しの通り、医薬用キノコ産業に対する私の見方は否定的である。とはいえ、前向きの懐疑主義には偏見の無さが要求されるので、私はキノコ薬学の解析が続けられ、えせ科学が本物の科学に取って代わることを願っているのである。何人かの業界内部の人たちも、同じような感想を漏らしており、おそらく、彼らは現在行われている研究を前向きに受け止め、もし医薬用キノコが、薬効が証明済みの既往の医薬と同列に扱われるなら、適当な臨床試験の必要性を認めると言っている。[註27] 実際、新しい治療用化合物の探索をあきらめる理由として、過去の失敗をあげつらうことは不合理だといえるだろう。天然物化学の専門家たちは、何らかの点で詳細に調べられた少数のキノコから範囲を広げて、不確かで名前のない、何万何千という担子菌類を取り上げて、見込みのある有用物質の際限なく続く目録を見せてくれるかもしれない。無脊椎動物を惹きつけたり、追い払ったりするキノコが合成した分子のある部分は、人体の化学とつながり、その分子のわずかな部分が病気の治療に役立つと認められるかもしれない。また、動物の誘引剤や摂食阻害剤に加えて、キノコやそのコロニーが分泌する抗細菌物質は、将来感染症を治療する抗生物質に仲間入りするかもしれない。

英語名を「根付きの脛《すね》」という美しいキノコ、ビロードツエタケ属の一種、*Xerula furfuracea* の生化学的将来性について考えてみよう。その淡い褐色の大きな傘は、枯死木の根元にある、埋もれた腐った根の塊から出ている、硬くて長い茎の上に乗っている（図8.2）。森の生息地は生命に満ち溢れ、このキノコも、もし消化できれば十分カロリーを摂ることができるはずの這い回る虫に食われることもなく、きれいなまま厚くて白いヒダから、未だに白い胞子の雲を一週間にわたって吐き続けているのである。あらゆるキノコと同じように、*Xerula furfuracea* も隣人たちに化学的優越性を示している。未来の薬は、その細胞壁に貼りついたり、細胞膜につながれたり、ひんやりとした細胞質に溶けたりしているのかもしれない。[註28] 期待される生物として、キノコには五つ星の価値があるのだ。その時が来るまでは、買い手の自己責任というわけだが。

図 8.2　ビロードツエタケ属の一種、*Xerula furfuracea*
R. K. Greville, *Scottish Cryptogamic Flora*, vol. 4（Edinburgh: Maclachlan and Stewart, 1826）

謝辞

この本はシンシナティにあるロイド博物館・図書館が所蔵している、たぐいまれな菌学書と学術雑誌のコレクションに接する機会がなければ、日の目を見なかったことだろう。引用させてもらった図版の多くは、ロイド博物館の収蔵品の原本を複写したものである。この仕事を通じて手伝っていただいたロイド博物館・図書館の館長、マギー・ヘラン、学芸員のアンナ・ヘランほか、館員諸氏に心から感謝する。また、マイアミ大学のマイク・ヴィンセントとマウント・セント、ジョセフカレッジのマイク・クラーバンディには、ギリシャ語やラテン語の原典からの翻訳には欠かせない手助けをしていただいた。マイアミ大学のスシュマ・シュレスタには、最後の章で取り上げた薬用キノコに関する文献を理解するうえで、計り知れない多くのことを教えていただいた。なお、トム・ピッカードの詩、*Stinkhorn* の借用については、シカゴの Flood Edition 社のご厚意による。また、本書の編集者チセ・タカギの献身的な協力と、本書の幅を広げることを勧めてくださった、前の編集者ピーター・プレスコットに感謝する。妻であり、研究仲間でもあるダイアナ・デイビスが、一字一句原稿に目を通してくれたので、異論があれば、共同責任者として彼女に申し出ていただきたい。なお、本書の中の誤りや見落としに関して、私は一切の責任を負わないと言っておこう。

註

第1章

1 担子胞子の飛散に関する最近の論文：D. W. Li, *Mycological Research* 109, 1235–1242（2005）; B. Nordén and K. H. Larsson, *Nordic Journal of Botany* 20, 215–219（2008）; N. Hallenberg and K. Küffer, *Nordic Journal of Botany* 21, 431–436 (2008)

2 R. W. Wilson and E. S. Beneke, *Mycologia* 58, 328–332（1966）

3 E. Lax, *The Mold in Dr. Florey's Coat: The Story of the Penicillin Miracle*（New York: Henry Holt, 2004）

4 M. Malpighi, *Anatome Plantarum*（London: Johannis Martyn, 1675–1679）

5 P. M. Micheli, *Nova Plantarum Genera*（Florence: Bernardi paperini, 1729）

6 プレヴォーの仕事の意義については、N・P・マネー著、小川真訳『チョコレートを滅ぼしたカビ・キノコの話』築地書館（二〇〇八）159-167ページの中で述べた。

7 O. Brefeld, *Botanishe Untersuchungen über Schimmelpilze*（Leipzig: A. Felix, 1872–1912）

8 ポターの絵は W. P. K. Findlay, *Wayside and Woodland Fungi*（London: Frederick Warne. 1967）に再録された。

9 C. Schmitt and M. L. Tatum, *The Malheur National Forest, Location of the World's Largest Living Organism*［*The Humongous Fungus*］（USDA Forest Service, Pacific Northwest Division, 2008）。最も大きな個体（コロニー）は重量にして七六〇〇から三万五〇〇〇トンの間と推定された。

10 詳しく言うと、二核体は和合性のある一核体が融合したときに形成され、その親和性はAとBで表示される、一対の交配型遺伝子によって決定される。ある種の菌では、それぞれの交配型遺伝子、または対立遺伝子に、何百もの異なった組み合わせがある。一つか二つの交配型対立遺伝子を持っている一核体が融合しようとすると、不和合性反応が起こる。つまり A1B1XA1B1, A1B1XA1B2, A1B1XA2B1 では動かない。しかし、A1B1XA2B2 など、何百、何千もの組み合わせでは、十分機能する二核体が作られ、これが繁殖可能な子実体を生み出す能力を持つ。和合性反応が起こると、双方の交配型から出た核が互いのコロニーを通って移動し、一核体を二核体に変える。この過程を二核化という。

11 A. de Bary, *Comparative Morphology and Taxonomy of the Fungi Mycetozoa and Bacteria*, English translation (Oxford: Clarendon Press, 1887)

12 L. R. Tulasne and C. Tulasne, *Selecta Fungorum Carpologia*, 3 vols., translated by W. B. Grove, edited by A. H. R. Buller and C. L. Shear (Oxford: Clarendon Press, 1931)。一八一六年から一八六五年にかけてパリで出版された原本の写しを見ると、最初に印刷された息をのむような美しい挿絵が載っている。

13 W. G. Smith, *Grevillea* 4, 53–63 (1875)。60ページから引用。

14 W. G. Smith, *Journal of Botany* 2, 215–218 (1864); W. G. Smith, *Mushrooms and Toadstools: How to Distinguish Easily the Differences Between Edible and Poisonous Fungi: With Two Large Sheets Containing Figures of Twenty-nine Edible and Thirty-one Poisonous Species Drawn the Natural Size and Coloured from Living Specimens* (*London*: R. H. Hardwicke, 1867)

15 E. M. Wakefield, *Naturwissenschaften Zeitschrift für Forst-und Landwirtschaft* 7, 521–551 (1909)

16 D. Moore and A. Meškauskas, *Mycological Research* 110, 251–256 (2006)

17 J. W. Taylor and C. E. Ellison, *PNAS* 107, 11655–11656 (2010)。真核生物の間で複雑な多細胞化現象が数回起こり、別の発達メカニズムによって動物、植物、子嚢菌、担子菌へと進化したのかもしれない。

18 A. Meškauskas, L. J. McNulty, and D. Moore, *Mycological Research* 108, 341–353 (2004); N. P. Money, *Nature* 431, 32 (2004)

19 D. Moore et al., *Mycological Research* 100, 257–273 (1996)

20 N. P. Money, *BioEssays* 24, 949–952 (2002)

21 ある種のキノコでは、すでにできていた菌糸が膨張して傘や茎が大きくなると確かに説明できるが、ほかの種では発育過程を通じて、菌糸の枝分かれが続くという。D. Moore, in *Patterns in Fungal Development*, edited by S. W. Chiu and D. Moore (Cambridge: Cambridge University Press, 1996), 1–36

22 N. P. Money and J. P. Ravishankar, *Mycological Research* 109, 627–634（2005）

23 腐朽材などの餌に入り込むとき、個々の菌糸の先端は最大一ないしは二気圧の圧力をかけることができる。菌糸がキノコの茎の中で束になると、平均して約三分の二気圧加えて働くので、子実体が土を押しのけて地上に出られるようになる。平均的な圧力がかかった〇・〇一平方メートルの面積にキノコが密に生えている場所では、合わせると六七六Nの力が出ることになる。最も強いキノコは、居眠りしている読者にブランデーグラスとネコを加えて合計七三キログラム、重量にして七一五Nを押し上げることができる。普通のキノコは、四キログラムのネコが読者の膝から飛び降りて荷重が三九N減る（六七六Nになる）まで、そうすることができない。

24 G. Straatsma, F. Ayer, and S. Egli, *Mycological Research* 105, 515–523（2001）

25 リンボー氏はこの意見をラジオのトークショウで20年間発表し続け、後に印刷に付した。R. Limbaugh, *See, I Told You So*（New York: Pocket Books, 1993）

26 H. Kauserud et al., *PNAS* 105, 3811–3814（2008）

第2章

1 A. H. R. Buller, *Research on Fungi*, vols. 1–6（London: Longmans, Green, 1909–1934）, vol. 7（Toronto: Toronto University Press, 1950）

2 フィレンツェの博物学者たちによる、ほかの素晴らしい観察同様、ミケーリが見つけた四個の胞子も無視され、その後の研究者たちはヒダのあるキノコにはまったくありえない、様々な胞子形成器官を描いた。そのほかの菌類を適当に観察し続けた研究者たちは、研究を重ねた末に、子嚢によく似た袋に入った胞子の図を描いた。子嚢は子嚢菌類という近縁の門に属している菌が作る射出銃のことである。当時の研究者たちは、子嚢菌に特有のこのような袋が、担子菌類にあってもおかしくはないと思いこんでいた。支えになる担子柄の外側に、胞子が形成されるという実際の姿は、低倍率の顕微鏡でもかなり容易に観察できるのだから、これは自己欺瞞以外の何物でもない。要するに、見たいものが見えていたというわけだ。この誤りは一八三〇年代に少数の菌学者（マイコロジスト、またはフンゴロジストと自称していたようだが）の手で明らかにされた。プラハにある国立博物館の学芸員だったオーガスト・コルダは異論を唱えた最初の人だったが、彼が描いた外側についている胞子は昆虫の卵として見捨てられた。コルダは一八四九年にテキサス州で採集旅行をした後、カリビア海で船が沈没して溺死した、唯一の菌学者としても知られている。彼の顕微鏡観察による素晴らしい洞察力と、ヒューストン市が「できたのと同じように、速く壊れるだろう」と言った予測は好一対である。

3 N・P・マネー著、小川真訳『ふしぎな生きものカビ・キノコ』築地書館（二〇〇七）23–29ページ。

4 私は『ふしぎな生きものカビ・キノコ』の中で、キノコの胞子の飛行速度を人間に置き換えた場合について計算間違いをしていた。人間の場合は、一〇〇〇分の一秒間に身長の一〇〇倍の距離を飛ぶとすれば、時速六一万二〇〇〇キロメートルで飛んだことになり、同書で述べたような時速六一二キロメートルといった、比較的穏やかな速度ではない。

5 同じような胞子射出の仕掛けを持っている生物は、プロトステリウムという粘菌のグループだけだが、この原生動物でのやり方はよくわかっていない。

6 M. L. Berbee and J. W. Taylor, *Fungal Biology Reviews* 24, 1–16（2010）

7 L. Yafetto et al., *PLoS ONE* 3（9）: e3237 doi: 10.1371/journal.pone. 0003237（2008）。現在の分類体系によると、菌界にはキノコを作る担子菌門、子嚢菌門、グロムス門、遊走子を作る水生菌のコウマクノウキン門、ツボカビ門、ネオカリマスティクス門の六つの門が認められている。遺伝子解析の結果によると、いくつかの菌はこのどれにも属さないが、まだ別の門をもうけるのに足る十分な情報がない。このようなホームレスの微生物にはミズタマカビなど、九〇〇種以上の接合菌が含まれている。これに加えて、何人かの専門家が菌界の一部とみなしている、微胞子虫という一〇〇〇種を超える動物寄生菌がある。

8 C. T. Ingold, *Transaction of the British Mycological Society* 51, 592–594（1968）; C. T. Ingold, *Fungal Spores: Their Liberation and Dispersal*（Oxford: Clarendon Press, 1971）; M. Roper et al., *PNAS* 105, 20583–20588（2010）

9 マンネンタケ属のキノコから出る胞子の数は、ブラーが測定した。

10 J. Taggart, S. A. Hutchinson, and P. Swinbank, *Annals of Botany* 28, 607–618（1964）

11 F. Darwin（ed.）More Letters of Charles Darwin, vol. 1（London: John Murray, 1903）。一八六〇年三月二一日付の書

簡（97）から引用。

12 キノコが冷やされることについては、マネーの本（3に同じ）に詳しい。

13 オレゴン州のあるキノコは水の中で成長し、胞子を川へ流す。射出液によるやり方は、水に接していると妨げられるが、この菌はヒダの間に空気をとらえておいて、通常の仕掛けが働くようにしている。胞子は傘の底から離れて、V字型の塊になってヒダの下に集まり、流れに乗る。この面白いキノコのことは、J. L. Frank, R. A. Coffan, and D. Southworth, *Mycologia* 102, 93–107（2010）に紹介されている。

14 W. Elbert et al., *Atmospheric Chemistry and Physics* 7, 4569–4588（2007）。すべてのキノコから空中に放出される胞子の総量は、年五〇メガトンに上ると推定されている。空中浮遊物の中の菌の多様さについては、J. Fröhlich-Nowoisky et al., *PNAS* 106,12814–12819（2000）を参照。

15 R. Jaenicke, *Science* 308, 73（2005）

第3章

1 grisette（フランス語）という名称は、灰色か褐色の傘を持った、ツルタケ（*Amanita vaginata*）やカバイロツルタケ（*Amanita fulva*）などのテングタケ属のキノコの通称なので、友人はベニテングタケを誤ってgrisetteと同定してしまったようだ。この名前はフランスの女性労働者が身に着けている、灰色のドレスの安物の服地や、女性労働者自身のことを指す。

2 N. Sherrat, D. M. Wilkinson, and R. S. Bain, *The American Naturalist* 166, 767–775（2005）。この調査で取り上げられたヨーロッパ種の一〇分の一だけが有毒だったという。著者は「有毒」の範囲を「比較的軽い症状から死亡まで、影響を与える範囲」としているが、これはほとんどの医薬処方箋に書かれている副作用の警告のように読み取れる。

3 このアイデアは、キノコに関する数多くの優れた著書や素晴らしいウエブサイト www.mushroomexpert.com の編集者、マイケル・クオから示唆されたものである。

4 G. C. Ainsworth, *Introduction to the History of Mycology*（Cambridge University Press, 1976）。G・C・エインズワース著、小川眞訳『キノコ・カビの研究史』京都大学学術出版会（二〇一〇）。

5 サッカルドの記念碑的な一六万ページ二六巻に及ぶ大作、*Sylloge Fungorum Omnium Hucusque Cognitrum* または“summary of all fungi known up to this time”（Patavii: 1882–1972）は、キノコに加えて何千種もの微小菌類を扱っている。

6 P. Sunnerhagen and J. Piškur, eds., *Comparative Genomics: Using Fungi as Models*, Topics in Current Genetics vol. 15（Berlin, Heidelberg, New York: Springer, 2006）

7 F. Martin et al., Nature 452, 88–92（2008）。これに続いて、ウシグソヒトヨタケ（*Coprinopsis cinerea*）のゲノムが解析された。J. E. Stajich et al., *PNAS* 107, 11889–11894（2010）

8 S. L. Miller et al., *Mycologia* 98,960–970（2006）はベニタケ属の関係を扱い、ジェファーソンの父型の血筋の件については、E. A. Foster et al., *Nature* 396, 27–28（1998）と E. A. Foster et al., *Nature* 397, 32（1999）で明らかにされている。

9 R. P. Korf, *Mycotaxon* 93, 407–415（2005）

10 E・O・ウィルソンは *Encyclopedia of Life*（www. eol. org）というオンラインプロジェクトを立ち上げ、二〇〇八年に活動を開始した。これは科学的に知られているあらゆる生物種を文書化し、新しいものが発見されると、それも加えていくという仕事である。ウィルソンはかねてから *TRENDS in Ecology and Evolution* 18, 77–80（2003）の中でこの考えを展開していた。このプロジェクトと生物多様性保全の関係については、S. N. Stuart et al., *Science* 328, 177（2010）が取り上げている。ジム・モリソンの引用は彼の詩「American night」から出ている。これは「An American Prayer（Elektra/Asylum Records, 1978）」というタイトルで The Doors によって演奏されたアルバムに収録されている。

11 J. W. Taylor and C. E. Ellison, *PNAS* 107, 11655–11656（2010）

12 J. N. Robinson, *Geology* 15, 607–610（1990）

13 W. M. R. F. Schwarze, J. Engels, and C. Mattheck, *Fungal Strategies of Wood Decay in Trees*, translated by W. Linnard（Berlin, New York: Springer, 2000）; F. H. Tainter and F. A. Baker, *Principles of Forest Pathology*（New York: John Wiley, 1996）

14 R. A. Blanchette, *Mycologia* 89, 233–240 (1997), and *Mycologist* 15, 4–9 (2001)
15 P. Bodensteiner et al., *Molecular Phylogenetics and Evolution* 33, 501–515 (2004)
16 Y. Terashima and A. Fujiie, *International Turfgrass Society Research Journal* 10, 251–257 (2005)
17 J.-H. Choi et al., *ChemBioChem* 11, 1373–1377 (2010)
18 逆にフェアリーリングの内側に出る露は顔色を悪くすると信じられていた。F. M. Dugan, *North American Fungi* 3, 23–72 (2008)
19 V. Rudolf, *American Folklore* 66, 333–339 (1953)
20 J. Ryall, *National Geographic News* (April 19, 2010)
21 半径五メートルのフェアリーリングの中にある菌糸の数を推定するため、最も活性の高い菌糸層は半径一〇センチメートルの円環体になると仮定した。この円環体は二〇〇万立方センチメートルの土壌の中に含まれている。一立方センチメートルの中に推定一万から一〇〇万の菌糸が成長しているとすると、一つのフェアリーリングの中には二〇〇億から二兆の菌糸がいることになる。ウエールズ・アベリストゥイス大学教授のガレス・グリフィスが、この計算を確かめてくれたが、彼の著書の中で草地のキノコを取り上げた章に、フェアリーリングに関する優れた考察が出ている。G. W. Griffith and K. Roderick, in *Ecology of Saprotrophic Basidiomycetes*, edited by L. Boddy, J. C. Frankland, and P. van West (London: Academic Press, 2008), 277–299
22 U. G. Muellerr et al., *Quarterly Review of Biology* 76, 169–197 (2001); M. W. Mofett, *Adventures among Ants: A Global Safari with a Cast of Trillions* (Berkeley: University of California Press, 2010)
23 J. P. E. C. Darlington, in *Nourishment and Evolution in Insect Societies*, edited by J. H. Hunt and C. A. Nalepa (Boulder, Col.: Westview press, 1994), 105 130
24 J. Korb, *Naturwissenschaften* 90, 212–219 (2003)
25 おそらく、これが世界最大の子実体である。もっと大きなものが南米から時々報告されているが、その報告にスケール入りの証拠写真が添えられているものは一つもない。*Macrocybe titans* も *Termitomyces titanicus* とほぼ同じ大きさの子実体を作る菌で、この種はメキシコや中南米に多い。コスタリカでの研究によると、ハキリアリが捨てた巣には

びこるという。

26 Symbiosis（共生）という用語の出典については、いくらか不明な点がある。アルベルト・フランクが一八七七年に出した地衣類の解剖学的研究に関する論文の中でこの用語を使い、一八七九年に偉大な菌学者のアントン・ド・バリーが、これを主題にした本を出版した。

27 S. E. Smith and D. J. Read, *Mycorrhizal Symbiosis*, 3rd edition (New York: Academic Press, 2008)

28 Martin et al.（7に同じ）

29 オオキツネタケのゲノムは二万の遺伝子から成り立っており、六〇〇〇の遺伝子を持つパン酵母（*Saccharomyces cerevisiae*）のゲノムや、一万の遺伝子を持つ子嚢菌のアカパンカビ（*Neurospora crassa*）のものよりも、かなり大きい。

30 D. Martinez et al., *Nature Biotechnology* 22, 695–700（2004）

31 J. N. Klironomos and M. M. Hart, *Nature* 410, 651–652（2001）

32 全植物の八〇パーセントは菌類と菌根を作って共生している。最も普遍的なものはアーバスキュラー菌根（A菌根）で、グロムス門の中の二〇〇種弱の菌がこの菌根を作っている。菌と植物の間の栄養物の交換は、宿主植物の生きた根の細胞内に菌が作るアーバスキュール（樹枝状体）という細かく枝分かれした微細構造を介して行われる。ほかの種類の菌根は外生菌根、内外生菌根、アルブトイド菌根、モノトロポイド菌根、エリコイド菌根、ラン菌根などと呼ばれている。

33 Smith and Read（27に同じ）

34 ランが成長して緑色になってからも、菌が栄養を補給し続けている可能性が高く、特にランが日陰で生育するときはそうかもしれない。

第4章

1 一〇か月後には快方に向かい、ペニーパッカーの勇敢な活躍が認められて、わずか二〇歳で准将に昇進した。ガルーシャ・ペニーパッカー（一八四四—一九一六）は、合衆国陸軍の将軍になった最も若い将校だった。

2 C. McIlvain, *One Thousand American Fungi: How to Select and Cook the Edible; How to Distinguish and Avoid the Poisonous* (Indianapolis: Bowen-Merrill, 1900)

3 Charles McIlvain to Curtis Lloyd, October 2, 1898. C. G. Lloyd Mycological Correspondence, Lloyd Library and Museum, Cincinnati, Ohio。マッキルヴェインは彼の第二作目 *Five Hundred Toadstools and how to Cook Them* を完成させるために、ペンシルベニア州のコールブルック（グレナ山に近い）にある「町の家」で冬を過ごすつもりだという。

4 マッキルヴェインは菌学関係の著述のほかに、雑誌の記事や詩、*A Legend of Polecat Hollow: An American Story* (London: Ward, Lock & Co., 1884) というタイトルの小説、子供のための随筆集 *Outdoors, Indoors, and Up the Chimney* (Philadelphia: The Sunday School Times Company, 1906) なども手がけている。また、彼は *Polecat Hollow* など、多くの作品を Tobe Hodge という筆名で出版し、*Polecat Hollow* の中でアパッチ方言を保存しようと試みた。

5 J. A. Palmer, *The Popular Science Monthly* II, 93–100 (1877)

6 J. A. Palmer, *Mushrooms of America: Edible and Poisonous* (Boston: L. Prang & Co., 1885)

7 D. W. Rose, *McIlvainea* 16, 37–42, 52–55 (2006)。デイビッド・ローズが書いたこの記事には、アメリカのアマチュア菌学会のルーツに関する、面白い話がたくさん載っている。

8 R. Watling, *Fungi* (London: The Natural History Museum, 2003), p. 86

9 S. Egli et al., *Biological Conservation* 129, 271–276 (2006)

10 J. A. Jackson (editor), Bird Conservation 3 (Madison: University of Wisconsin Press, 1988), p. vii

11 W. E. Schlosser and K. A. Blatner, *Journal of Forestry* 93, 31–36 (1995)

12 S. A. Alexander, J. F. Weigand, and K. A. Blatner, *Environmental Management* 30, 129–141 (2002)

13 *The Japan Times Online* October 26, 2007

14 アジアのマツ林に生えるマツタケは、*Tricholoma matsutake* という別種である。一九五〇年の日本での産出量は六四八四トンだったが、二〇〇六年には六五トンまで減少した。これは乱獲というより、マツノザイセンチュウ病によるマツ枯れと気候変動が、この劇的な現象の引き金になったとされている。アメリカからのマツタケ輸入量は、一九九三年には五一トンだったのが、一九九七年には二八四トンに増加した。E. Boa, *Wild Edible Fungi: A Global Overview*

of Their Use and Importance to People（Rome: Food and Agriculture Organization of United Nations（FAO）, 2004）。同じ期間に中国から輸入されたアジア種の量はまったく変わらず、年平均一一二一トンだった。

15 私はこの章に書いているような議論を展開して、これまでもキノコの保護について二度ナショナル・パブリック・ラジオの番組で話した。また「なぜ、野生のキノコを採ることが悪い行いなのか」というエッセイを書いた。もっとも、この小論文は *Mycological Research* 109, 131–135（2005）に載るまで、数多くの雑誌から掲載を断られたのだが。また、自分たちの行動が獲物（キノコ）に悪影響を与えると思っていないキノコマニアから、数通抗議のメールを、ほぼ同じ数の賛成意見とともに受け取った。怒った抗議はすべてアメリカ人からで、賛同意見のほとんどはヨーロッパ人からだった。おそらく、これはわが友、アメリカ人同胞の多くが抱いている、果てしなき辺境があるという終わりなき幻想とつながっているように思える。

16 D. Arora, *Mushrooms Demystified*, 2nd edition（Berkeley, Calif.: Ten Speed Press, 1986）

17 D. Arora and G. H. Shepard, *Economic Botany* 62, 207–212（2008）

18 R. L. McLain, *Economic Botany* 62, 343–355（2008）。この論文の表題はちょっとかわっていて、「野生キノコの全展望監視システム（刑務所用に考案されたもの）の構築：オレゴン州における森林下層植生の国家・州による管理システムの展開」である。

19 W. S. Sun and J. Y. Xu, *Edible Fungi of China* 18, 5–6（1999）。ひどくいい加減な計算だが、キノコの重さの平均を二五グラムと仮定すると、中国人は年間一二〇億本のキノコを中国国内で採っており、一人当たり九本になる。これはアメリカで生産されて売られているマッシュルームの量、推定三七万トンよりもわずかに少ない。www.americanmushroom.org

20 D. Arora, *Economic Botany* 62, 278–290（2008）

21 Boa（14に同じ）

22 E. T. Yeh, *China Quarterly* 161, 264–278（2000）

23 McLain（18に同じ）

24 中国で売られているスッポンタケの大半は栽培されたものである。

25 食用になる子嚢菌に関する優れた参考書には，M. Kuo, *Morels*（Ann Arbor: University of Michigan Press, 2007）, I. R. Hall, G. T. Brown, and A. Zambonelli, *Taming the Truffle: The History, Lore, and Science of the Ultimate Mushroom*（Portland Ore.: Timber Press, 2007）などがある。

26 J. Cherfas, *Science* 254, 1458（1991）

27 M. M. Gyosheva et al., *Mycologia Balcanica* 3, 81–87（2006）

28 A. Dahlberg and H. Croneborg（compilers）, 33 *Threatened Fungi in Europe*（Swedish Environmental Protection Agency and European Council for Conservation of Fungi, 2003）

29 http://www.iucn.org

30 J. Gerard, *The Herball, or, Generall Histories of Plantes*（London: Iohn Norton, 1597）

31 T. Baker, *Mycologia* 4, 25–29（1990）には，マッシュルーム（食用）とトドストール（毒キノコ）の古い英語名：toadstooles, moucheroms, musheron, toodys hatte, toad's cap, toad's meat, toad's cheese, musserouns, tadstoles, frogge stoles, frogstooles, frog stool, frog's cheese, paddocstol, paddockstole, paddockstool, puddockstool, toad's paddock, padockchese, Tommy toad, toad's kep, frog sates, and moushrimpes が載っている。John Ramsbottom はその著書 *Mushrooms and Toadstools: A Study of the Activities of Fungi*（London: Collins, 1953）の中で語源について面白く論じている。

32 A. Ubritzsy Savoia, *Physis* 20, 49–69（1978）

33 M. Dash, *Tulipomania: The Story of the World's Most Coveted Flower and the Extraordinary Passions It Aroused*（New York: Crown, 1999）

34 F. van Sterbeeck, *Theatrum Fungorum*（Antwerp: Joseph Jacobs, 1675）

35 ステルベークの写生図について私が書いたエッセイ（N. P. Money, *Inoculum* 58（5）, 1–2（2007））を，オーストラリアの菌学者，エイノ・レップが取り上げて興味深い議論を展開した（H. Lepp, *Inoculum* 59（1）, 12–13（2008））。レップはステルベークが自分の写生図の出元について，「naer het leven」というフランダース語を使った時，彼は翻訳された「from life」というより，むしろ「true to life」を意味していたのかもしれないと主張した。私が借用させてもらった故ジェフリー・エインスワースは、その優れて学問的な著作、J. Ainsworth, *Introduction to the History of Mycology* (Cambridge: Cambridge University Press, 1976) の中で、「from life」という解釈を採っていた。しかし、「true to life」という訳に従えば、自分の写生図はキノコを正確に描写したものだが、採集旅行の間になされた観察に基づいていることを意味しないと、ステルベークが言ったことになるのかもしれない。事実、あるものについては、ステルベークも自分の図はクルシウスから借用したと言っており、故意に盗用しているのではない。ある程度、レップは論理的にステルベークを弁護している。しかし、一方一九〇〇年に *Codex*（クルシウス全書）を検討したハンガリア人の学者、Gyula Istvánfii は、ステルベークが *Codex* の図を自分のものと誤って伝えた特殊な例をあげている（Istvánfii は高画質の水彩画の複製を入れて *Etudes et Commentaraires sur le Code de l'Éscule* (Butapest: G. Istvánfii, 1900) という表題の豪華本を出版した)。レップは、*Codex* に出ているキノコとステルベークの作品の中のキノコの間の小さな違いにこだわって剽窃と決めつけるよりも、むしろ『*Theatrum Fungorum*（菌類劇場）』と『*Clusius Codex*（クルシウス全書）』に描かれている同一種の類似性に驚く必要はないと指摘している。おそらく、大学の講義で剽窃の例を取り上げる際の難しさが、この問題に対して私を過敏にしているのだとは思うが、この類似はどう見てもコピーに見える。要するに、この菌学史上の些末な事柄に関して、二〇〇七年に書いたエッセイの中で述べたように、彼の興味がルネッサンスから吹いてきたぺてんの風に吹かれて、ちょっと高揚したという面白い逸話をつぶすようなステルベーク潔白説にさほど心を揺さぶられているわけではない。

36 A. Ubrizsy Savoia, in Egmond, P. Hoftijzer, R. Visser, *Carous Clusius: Towards a Cultura History of a Renaissance Naturalist* (Amsterdam: Royal Netherlands Academy of Arts and Science, 2007), pp. 267–292

37 D. Pegler and D. Freed, *The Paper Museum of Cassiano dal Pozzo, Series B–Natural History, Part 2, Fungi*, 3 volumes (London: Royal Collection Enterprises, 2005)

38 R. E. Machol and R. Singer, *McIlvainea* 1 (2), 144–18 (1973)

39 D. P. Roger, *Mycologia* 69, 223–245 (1977); C. L. Shear and N. E. Stevens, *Mycologia* 11, 181–201 (1919)

40 J. Webster, *Mycological Research* 10, 1153–1178 (1997)

41 デイリーニュースの記事は、*Transactions of the Woolhope Naturalists' Field Club* 1874–5–6, 135–136 (1880) に転載さ

れた。

42 R. D. Bixler, *Results: National Survey of Mushroom Club Members*（2008）。この調査の回答者一一四一名（女性五七%）の内、九〇%がキノコを調理していると答えた。キノコに関連のある活動としては、キノコで布地を染める（四%）、キノコで紙を作る（二%）などが見られた。さらに、この調査からアメリカのキノコクラブの会員が、二〇〇七年に一人平均七五〇ドルを、キノコの本や採集道具の購入、キノコ狩りのための旅費、クラブ会員費などに使っていたことがわかった。これは国の経済を八五万五七五〇ドル分刺激したことになる。

第5章

1 これはロボットが毎分三〇本の割合で摘み取るのと、人間が一日当たり八時間労働で一週間毎分一八本摘み取るのを比較したものである。公表された試験結果によると、ロボットが摘み取る速さは人間のほぼ倍だったが、技術者たちによれば「未来の商業用ロボットは、簡単に手による摘み取り率を超えるだろう」ということである。

2 W. Hanbury, *A Complete Body of Planting and Gardening: Containing the Natural History, Culture, and Management*…..（London: E. and C. Dilly, 1770–1771）。フランスの植物学者、ジョセフ・ピット・ド・トゥルヌフォール（一六五六–一七〇八）はパリで行われていた初期のマッシュルーム栽培方法を記述した。J. P. de Tournefort, *Mémoires de l'Académie des Sciences de Paris* 58–66（1707）。トゥルヌフォールは堆肥の中の白い糸（菌糸、または菌糸束）は、キノコの種（胞子）から出てくると考えていた。

3 D. Badham, *A Treatise on the Esculent Funguses of England*….（London: Reeve, 1847）

4 B. M. Dugger, *Mushroom Growing*（New York: Orange Judd Company, 1915）

5 W. Robinson, *Mushroom Culture: Its Extension and Improvement*（London: Frederick Warne and Co., 1870）

6 Robinson,（5に同じ）

7 M. Harland, *Common Sense in the Household: A Manual of Practical Housewifery*（New York: C. Scribner & Co., 1872）

8 S. T. Chang and P. G. Miles, *Mushrooms: Cultivation, Nutritional Value, Medicinal Effect, and Environmental Impact*, 2nd edition（Boca Raton, Fla.: CRC Press, 2004）。キノコ栽培に関する年ごとのデータは、National Agricultural

Statistics Service（アメリカ農務省、農業統計局）に集積されている。http://www.americanmushroom.org/nass.htm

9 B. E. Mowdy, *Chester County Mushroom Farming*（Charleston, SC: Arcadia, 2008）

10 マッシュルーム（*Agaricuss bisporus*）は交配型もしくは性をコントロールする単一の遺伝子を持っている。これは二つの異型、または対立遺伝子から成り立っている。胞子形成の準備段階で、対立する交配型の二つの核が担子器の中で融合し、この二倍体の核が四個の核を作るために減数分裂をする。自家増殖は、胞子の双方がそれぞれ交配型の一つの核を受け取るという、複雑なメカニズムによって維持されている。もし、一つの胞子が同じ交配型の二つの核を受け取った場合は、それ自身の子実体を形成するコロニーを作ることができないか、もしくは交配する能力がなくなる。マッシュルームの生活環は、二次的ホモタリズムの一つの例である。

11 N・P・マネー著、小川真訳『チョコレートを滅ぼしたカビ・キノコ』築地書館（二〇〇八）。マッシュルームにおける同系交配による劣化現象については、J. Xu, *Genetics* 141, 137–145（1995）に詳しい。

12 A. M. Kligman, *Handbook of Mushroom Culture*（Lancaster, Pa: Business Press, 1950）, p. 138

13 A. S. M. Sonnenberg, in *Science and Cultivation of Edible Fungi*, edited by L. J. L. D. Van Griensven（Rotterdam: Balkema, 2000）, p. 2539

14 P. Stamets, *Growing Gourmet and Medicinal Mushrooms*, 3rd edition（Berkeley, Calif.: Ten Speed Press, 2000）

15 R. W. Kerrigan, *Canadian Journal of Botany* 73, S973–S979（1995）

16 キノコ栽培について、もっと知りたい人はChang and Miles（8に同じ）やStamets（14に同じ）を参照されたい。

17 Chan and Miles（8に同じ）

18 J. J. P. Baars et al., in *Science and Cultivation of Edible Fungi*, edited by L. J. L. D. Van Griensven（Rotterdam: Balkema, 2000）, pp. 317–323

19 M. Kuo, *Morels*（Ann Arbor: University of Michigan Press, 2005）

20 E. Danell and F. J. Camacho, *Nature* 385, 303（1997）

21 I. R. Hall, W. Yun, and A. Amicucci, *TRENDS in Biotechnology* 21, 433–438（2003）

22 Hall, Yun, and Amicucci（21に同じ）

23 P. Stamets, *Mycelium Running; How Mushrooms Can Help Save the World*（Berkeley Calif.: Ten Speed Press, 2005）
24 Stamets（14に同じ）
25 P. Kalač, *Food Chemistry* 113, 9–16（2009）
26 G. Rückert and J. F. Diehl, *Zeitschrift für Lebensmittel-Untersuchung und-Forschung* 185, 91–97（1987）
27 P. Kalač（25に同じ）。キノコの繊維は、植物の繊維と同じではない。レタスの不溶性の繊維は、細胞を包む壁の大部分を構成する、セルロースのミクロフィブリルからできている。菌類はセルロースを作らないが、その代わりキノコの繊維質の大部分を占めるキチンのミクロフィブリルの糸で細胞を包んでいる。

第6章

1 *Tricholoma equestre* はキシメジ、*Tricholoma flavovirens* としても知られている。*Russula subnigricans* のラテン名は北米の種、*Russula eccentrica* にも使われているが、中国や日本で見つかっている毒キノコと別種なのかどうか、はっきりしていない。
2 K. H. McKnight and V. B. McKnight, *Peterson Field Guide: A Field Guide to Mushrooms: North America*（New York: Houghton Mifflin Harcourt; Rei Sub edition, 1998）; J.-L. Lamaison and J.-M. Polese, *The Great Encyclopedia of Mushrooms* Königswinter: Könemann, 2005）; T. Læsseøe, A. Del Conte, and G. Lincoff, *The Mushroom Book: How to Identify, Gather, and Cook Wild Mushrooms and Other Fungi*（New York: DK Publishing, 1996）; B. Dupré, translated by D. Macrae, *World Treasury of Mushrooms in Color*（New York: Galahad Books, 1974）; R. Courtecuisse and B. Duhem, *Collins Field Guide: Mushrooms and Toadstools of Britain and Europe*（London: Harper Collins Publishers, 1995）
3 Lamaison and Polese（2に同じ）
4 R. Bedry et al., *The New England Journal of Medicine* 345, 798–802（2001）
5 M. Matsuura et al., *Nature Chemical Biology* 5, 465–467（2009）
6 この化学物質は京都市で採集された子実体から単離されたが、このキノコによる中毒はすべて京都近郊で発生している。日本の東北地方で採集された子実体には、ルスフェリンという別の有毒物質が含まれていたが、種が異なるのかもしれない。

7 P. Nieminen, M. Kirsi, and A.–M, Mustonen, *Experimental Biology and Medicine* 231, 221–228（2006）

8 P. Nieminen, M. Kirsi, and A.–M, Mustonen, *Food and Chemical Toxicity* 47, 70–74（2009）

9 投与量の範囲は、体に見合った量を計算する際に使用する方法によって異なる。マウスは人間よりも比表面積がはるかに大きく、この尺度の要素はマウスと人間の中毒に関するデータを見る場合、考慮されるべきである。

10 A. Levin, *The Mail on Sunday*（September 5, 2010）

11 J. Fyall, *The Scotsman*（November 8, 2009）

12 A. I. K Short et al., *Lancet* 316, 942–944（1980）。男性二人と女性一人が、このキノコをアンズタケと間違えてシチューを作った。男性二人は腎臓移植が必要になったが、女性のほうは二、三日で腎臓の機能が回復した。女性が多少はフウセンタケ中毒による腎臓障害にかかりにくいかもしれないという証拠である。

13 http://news.bbc.co.uk/2/hi/uk_news/7752103.stm

14 M. Kuo, http://www.mushroomexpert.com/russula.html（July 2011）

15 Fyall（11に同じ）

16 H. Frank et al., *Clinical Nephrology* 71, 557–562（2009）

17 D. R. Benjamin, *Mushrooms: Poisons and Panaceas—A Handbook for Naturalists, Mycologists, and Physicians*（New York: W. H. Freeman and Company, 1995）。これはキノコ中毒について、もっと知りたいと思う人にとって素晴らしい本である。

18 Benjamin（17に同じ）

19 F. M. Dugan, *Fungi in the Ancient World: How Mushrooms, Mildews, Molds, and Yeast Shaped the Early Civilizations of Europe, the Mediterranean, and the Near East*（St. Paul, Minn.: APS Press, 2008）

20 Benjamin（17に同じ）

21 A. Pringle et al., *Molecular Ecology* 18, 81–83（2009）

22 A.-M. Dumont et al., *Lancet* 317, 722 (1981); J. M. Bauchet, *Bulletin of the British Mycological Society* 17, 110–111 (1983)

23 A. Coombs, *Nature Medicine* 15, 225 (2009)

24 M. Michelot and M. L. Melendez-Howell, *Mycological Research* 107, 131–146 (2003)

25 中毒に関する年間統計は American Association of Poison Control Centers によって発表されており、ウエブサイトで閲覧できる。www.aapcc.org

26 J. Jaenike et al., *Science* 221, 165–167 (1983); J. Jaenike, Evolution 39, 1295–1301 (1985)。最近の研究によると、ハエ類の毒物耐性に関する、この初期の研究から得られた結論は疑問視されており、新たな実験を行う余地がたくさん残されている。

27 S. Camazine, *Journal of Chemical Ecology* 9, 1473–1481 (1983)。R・G・ワッソン（彼の仕事は第7章で紹介）によれば、トナカイもベニテングタケに惹きよせられるという。もし本当なら、この観察は幻覚性物質に摂食者の食欲を減退させる力がないことを証明しているといえるだろう。

28 T. M. Sherratt, D. M. Wilkinson, and R. S. Bain, *The American Naturalist* 166, 767–775 (2005); T. Lincoln, *Nature* 437, 1248 (2005)

29 F. M. Dugan, *North American Fungi* 3. 23–72 (2008)

30 B. H. Shadduck, *The Toadstool Among the Tombs* (B. H. Shadduck, 1925)

31 キノコ採りをしながら、少数の有毒の子実体を見分ける大切さが、子供向けの挿絵入り童話集の中で、ナチスの著作家エルンスト・ヒーマーによってぞっとするようなやり方で利用された。Ernst Hiemer, *Der Giftpilz* (or *The Poisonous Mushroom*) (Nuremberg: Strümerverlag, 1938)。表紙は緑色のタマゴテングタケ（死の帽子）にされたユダヤ人の絵で、その内容は祖国に降りかかる陰険な脅威を見分ける勇敢な子供たちの物語である。なお、この本を出版したユリウス・ストライヒャーは一九四六年に戦争犯罪人として処刑された。

32 E. Dickinson, *The Complete Poems of Emily Dickinson* (Boston: Little, Brown, and Company, 1924), Part 2, Nature, XXV

33 Dugan（29に同じ）

34 文学に見られるキノコパワーによる馬鹿騒ぎついては、R. Roehl and K. Chadwick（eds.）, *Decomposition: An Anthology of Fungi-Inspired Poems*（Sandpoint, Idaho: Lost Horse Press, 2010）を参照。

35 S. Plath, *The Collected Poems*（London: Faber and Faber, 1981）139–140。Plath は一九五六年に「キノコ」のことを書いた。

36 B. Kingsolver, *Prodigal Summer*（New York: HarperCollins, 2000）

37 W. P. K. Findlay, *Fungi: Folklore, Fiction, and Fact*（Richmond, UK: The Richmond Publishing Company, 1982）

38 D. E. Desjardin, A. G. Oliveira, and C. V. Stevani, *Photochemical and Photobiological Sciences* 7, 170–182（2008）; D. E. Desjardin, et al., *Mycologia* 102, 459–477（2010）。キノコの場合、生物発光は *Omphalotus* や *Armillaria*、*Mycena* などとその近縁の属、および、まだ名づけられていない四番目の系統に属する種などの間で、光を出す種を生み出しながら、何度も進化してきたようである。ある種ではキノコと菌糸がともに光るが、ほかのものでは子実体だけか、栄養体のコロニーだけが発光する。

第7章

1 M. P. English, *Mordecai Cubitt Cooke: Victorian Naturalist, Mycologist, Teacher and Eccentric*（Bristol, U. K.: Biopress, Ltd., 1987）

2 M. C. Cooke, *The Seven Sisters of Sleep: Popular History of the Seven Prevailing Narcotics of the World*（London: James Blackwood, 1860）

3 A. Letcher, *Shroom: A Cultural History of the Magic Mushroom*（London: Faber and Faber, 2006）

4 J. F. W. Johnston, *The Chemistry of Common Life*, 2 volumes（Edinburgh: W. Blackwood, 1854–1855）。ベニテングタケのことは第二巻に出ている。

5 D. M. Michelot and L. M. Melendez-Howell, *Mycological Research* 107,131–146（2003）。ムスキモールは大脳皮質や海馬、小脳などにある神経系の活性を変える $GABA_A$ 受容体に結合する。

6 P. J. von Strahlenberg, *An Histrico-Geographical Description of the North and Eastern Parts of Europe and Asia*（London: W. Innys and R. Manby, 1736）

7 J. U. Lloyd, *Etidorhpa*（Cincinnati: J. U. Lloyd, 1895）。ジョンの弟、Curtis Gates Lloyd の仕事については、N・P・マネー著、小川真訳『ふしぎな生きものカビ・キノコ』築地書館（二〇〇七）に紹介しておいた。

8 一九世紀初頭のシンシナティ地方では、地球空洞説が大いに流行っていた。そのころ独立戦争の退役軍人だったジョン・クリーブズ・シムズが「地球の中は空洞で、人が居住できる」と小冊子の中で宣言し、その入り口を探すために北極圏へ遠征するための基金を支出するよう、国会への請願運動を続けていた。同時代の人々は「シムズの穴」についてつまらない冗談を飛ばしていた。その冗談は「地球とシムズの穴は、どれぐらい離れているのかね。天王星までと同じ距離さ」というものだった。実は、シムズは有名な天文学者のハーレーなど、多くの伝統ある地球空洞説信奉者の一人であり、この説は古くから幅広く受け入れられていたのである。

9 M. Carmichael, in *Psychedelia Britannica: Hallucinogenic Drugs in Britain*, edited by A. Melechi（London: Turnaround, 1997）, pp. 5–20

10 English（1に同じ）

11 M. C. Cooke, *The Seven Sisters of Sleep: The Celebrated Drug Classic*（Rochester, Vt.: Park Street Press, 1997）

12 M. C. Cooke, *Edible and Poisonous Fungi: What to eat and What to avoid*（London: Society for Promoting Christian Knowledges, 1894）

13 R. G. Wasson, G. Cowan, F. Cowan, and W. Rhodes, *Maria Sabina and Her Mazatec Mushroom Velada*（New York: Harcourt Brace Jovanovich, 1974）。これは W. Rhodes が作成した楽譜と四個のカセットテープがついたテキストである。一九五八年、病気になった一〇代の少年のために、キノコ占い、または徹夜の看とりが行われた。初めのうちマリアは少年にきっと良くなるだろうと話していたが、キノコによるお告げを聞いた後は、きわめて率直な言い方で少年に間もなく死が訪れることを告げた。

ワッソンによるとマリアの予言は的中し、少年は儀式の後数週間で死んだという。これより先一九五六年に初めて行われた、キノコ祭儀におけるマリアの詠唱の録音は、Smithsonian Institution's Folkways Recording のウエブサイト

に保管されており、ダウンロードできる。www.folkways.si.edu

14 Wasson, Cowan, Cowan, and Rhodes（13に同じ）p. 107

15 P. Stamets, *Psylocybin Mushrooms of the World: An Identification Guide*（Berkeley, Calif.: Ten Speed Press, 1996）

16 M. Wittmann et al., *Journal of Psychopharmacology* 21, 50–64（2007）。サイロシンは 5-HT_{2A} 受容体に結合するが、5-HT_{1A} に対する親和性は低い。

17 Stamets（15に同じ）

18 R. R. Griffins et al., *Psychopharmacology* 187, 268–283（2006）。被験者たちは試験のたびにシロシビンかメチールフェニデート（リタリン）を与えられたが、被験者も彼らの行動を記録する人たちも、どちらの薬物を与えられたのか知らされていなかった。リタリンは注意欠如・多動性障害（ＡＤＨＤ）の治療に処方される薬品で、シロシビンと同じように、効果が速く現れて長時間持続し、気分を変えるという点でも類似しているので、この実験のために選ばれたという。

19 Wittmann（16に同じ）

20 Griffins et al., *Journal of Psychopharmacology* 22, 621–632（2008）

21 ＬＳＤはリセルグ酸から作られる。リセルグ酸は麦角菌（*Claviceps purpurea*）が作る自然物のエルゴタミンからか、もしくは植物が作るエルギンという関連物質から作られている。エルゴット（麦角）は菌が宿主植物に作った菌核という、硬くなった休眠組織である。

22 Griffins et al.（20に同じ）

23 N. Tuno, H. K. Takahashi, H. Yamashita, N. Osawa, and C. Tanaka, *Journal of Chemical Ecology* 33, 311–317（2007）

24 J. Ramsbottom, *Mushroom and Toadstools: A Study of the Activities of Fungi*（London: Collins, 1953）

25 Michelot and Melendez-Howell（5に同じ）

26 J. M. Allegro, *The Sacred Mushroom and the Cross: A Study of the Nature and Origin of Christianity within the Fertility Cults of the Ancient Near East*（London: Hodder and Stoughton, 1970）

27 M-L. Espiard et al., *European Psychiatry* 20, 458–460（2005）。この論文には、マジックマッシュルームを食べて大麻

を吸った一八歳の男性が、その後八か月間続いたフラッシュバック（知覚障害）が記述されている。

28 H, de Wit, *Psychopharmacology* 187, 267 (2006)

29 de Wit（28に同じ）

第8章

1 A. Adams, NaturalNews.com（Oct. 23, 2009）。このウエブサイトは、不用心な人にとって、根拠のない、違法で有害な忠告の確かな発信源である。キノコを取り上げた、ある投稿の中で、アダムズは「一七種のきわめて高い薬効を持ったキノコのブレンド、そのほとんどに抗癌作用があるといわれている」ことについて書いている。このオンライン上の賢人によれば、「医薬用キノコが癌を予防し、治療して『逆転させる』ことすらできる可能性を持っていることは、よく知られた科学的事実であり、合衆国以外の世界中のいたるところで、医薬用キノコが『抗癌キノコ』と呼ばれているのも事実である」。さらに、「この製品は免疫機構を活性化し、癌を予防するのにも効果的なので、ＦＤＡは『これを市場に出している会社』の後追いをして、この製品が実際になしうることは何かと思わせるようなヒントを、どれも消去しようとして、宣伝文句を修正させているのだ」（NaturalNews.com, Jan. 21, 2009）。あぁ、またしても合衆国政府が、神の与え給うたアメリカの出来事に干渉したために、末期癌を抱えた純朴な人々が、粉末キノコを詰めたカプセルの形で入手できる奇跡的な治療薬について、何も知らされないままにおかれていることは確かなのだ。

2 www.botanicalpreservationcorps.com 二〇一〇年五月一二日にアクセスしたもの。

3 www.fungus.com 二〇一〇年五月一二日にアクセスしたものからの引用。同じものが「完全菌」社の印刷されたカタログにも載っている。

4 P. Stamets, *Growing Gourmet and Medicinal Mushrooms*, 3rd edition (Berkeley, Calif.: Ten Speed Press, 2000)

5 http://www.cordycepsreishiextracts.com/polyporus_umbellatus_medical_research_references.htm

6 一九九四年に「栄養補助食品健康教育法」が議会を通過したことで、キノコは強い規制を免れた。

7 二〇〇九年秋から二〇一〇年夏にかけて出された「完全菌」社の印刷されたカタログから。

8 二〇一〇年の「栄養補助食品健康教育法」は、栄養補助食品に対するＦＤＡの追加的権限を承認する努力の結果である。ただし、二〇一一年にはこの法律への支持が揺らいでおり、これを書いている時点で先行きは不透明である。

9 R. J. Blendon et al., *Archives of Internal Medicine* 161, 805–810（2001）など、多くの研究から、政府による栄養補助食品の規制強化に対する、消費者の賛同が確認されている。菌学には関係のないことだが、連邦取引委員会がケロッグ社に対して、朝食用シリアルが「あなたのお子さんの免疫力をたかめます」（*New York Times*, June 12, 2010）という宣伝文句を取り下げるように命令したことは、誠に喜ばしいことである。食料品店に恐る恐るやってくる親に向かって、抗酸化剤に関するあいまいな情報を、もう一度投げかけようと企んでいる、朝食用シリアル製造会社の営業会議の陳腐な議論が、聞こえてくるようである。

10 B. M. Ley, *Discover the Beta Glucan Secret! For Immune Enhancement Cancer Prevention & Treatment Cholesterol Reduction Glucose Regulation& Much More!*（Detroit Lakes, Minn.: BL Publications, 2001）。レイ博士は「彼女は健康のメッセージを広めるために、神につかえている」と書いている。

11 J. E. Smith, N. J. Rowan, and R. Sullivan, *Medical Mushrooms: Their Therapeutic Properties and Current Medical Usage with Special Emphasis on Cancer Treatments*（London: Cancer Research UK, 2002）

12 A. T. Borchers et al., *Experimental Biology and Medicine* 233, 259–276（2008）

13 www.mdanderson.org/education-and-reserach/resources-for-professionals/clinical-tools-and-resources/clinical-resources.html

14 ツガノマンネンタケ（*Ganoderma tsugae*）（訳注：ツガノマンネンタケの日本での学名は *Ganoderma valesiacum* とされている）はマンネンタケ（*Ganoderma lucidum*）にそっくりだが、前者は針葉樹に生える。マンネンタケ属の異種間の関係は不明確で、そのうちのいくつかは形態的特徴からだけでなく、遺伝子解析からも判別困難である。

15 Stamets（4に同じ）

16 C. Hobbs, *Medicinal mushrooms: An Exploration of Tradition, Healing, and Culture*（Summertown, Tenn.: Botanica Press, 1986）

17 T. Aoki et al., *The Lancet*, 936–937（Oct. 20, 1984）。一九八〇年代から血友病患者に関する関連学会の講演集が出されているが、審査を受けている雑誌の中には、注目を引くほどのものがない。

18 www.anti-aids.net

19 T. Muta, *Current Pharmaceutical Design* 12, 4155–4161（2006）

20 H. Hall, *Skeptic Magazine* 15, 4-5（2010）

21 A. Weil, *The Natural Mind: An Investigation of Drugs and the Higher Consciousness*（Boston: Houghton Mifflin, 1972）

22 A. S. Relman, *The New Republic*（Dec. 14, 1998）

23 ワイルは二〇〇一年のCBSニュース番組「60 Minutes」で、エド・ブラッドリーのインタビューに答えて、奇跡的な治癒の体験を物語り、同じ話をほかの多くの機会にも繰り返している。治癒の物語は彼の本、*Health and Healing*（Boston: Houghton Mifflin, 1983）, p. 241 の中で、「かつて、私は生まれつき猫アレルギーだった男が、LSDの錠剤を飲んだ後、猫と数時間戯れているのを見たことがある」と他人の話にしている。

24 G. Guzman, F. Tapia, and P. Stamets, *Mycotaxon* 65, 191–195（1997）。ごく最近、菌学上の敬意を表して、カリフォルニア科学アカデミーの館長Robert Drewes 博士にちなんで、スッポンタケ属のアフリカ種の小型のスッポンタケに、*Phallus drewesii* という名がつけられた。人のいい Drewes さんは「大変名誉なことで、私にちなんで名づけられた男根型のキノコがあるのは非常に愉快なことです。これで私の名は、科学上の記録の中で不滅になりました」と言った。彼の言葉は *Science Daily.com*（July 15, 2009）にひかれている。この分類学上の記載は、D. Desjardin and B. Perry, *Mycologia* 101, 545–547（2009）によってなされた。

25 www.drweil.com; www.origins.com

26 人がキノコを化粧品に用いることを気にするのには、もう一つの理由がある。キノコは接触性皮膚炎などの皮膚アレルギー反応の原因になりうるからである。この症状はキノコ採取人や取扱業者など、キノコを扱う人に見られるが、キノコを含んでいるどの美顔用商品も、低アレルギー性だとは主張できない。

27 L. J. L. D. Van Griensven, *International Journal of Medicinal Mushrooms* II, 281–286（2009）

28 この大きなキノコの蒸散による冷却が、内部の温度を五℃ほど下げるので、冷たくなり、その湿った傘は触ると冷たく感じる。J. Husher et al., *Mycologia* 91, 351–352（1000）

訳者あとがき

第8章の冒頭に「この本は、身近にあるのに、悲しくなるほど正当に評価されていない自然の一部……を、褒めたたえるために書いたものである」というように、彼はまじめな研究者として菌類の本当の姿を広く伝えたいと、常に心掛けてきたのである。

ところが世間一般は、いまだに「気持ち悪い」「かわいい」「食べられますか」「そんなもの関係ない」のレベルを脱していない。そのうえ研究者不足や研究環境の悪さ、マジックマッシュルームのばか騒ぎや野生キノコの乱獲、栽培キノコや怪しげな薬ブームなどが重なり、どうやら書き進むにつれていらだち、腹が立ってきたらしい。というのも、「この章には、根拠薄弱な推理や物欲しげな考え、精神的優越感による自惚れに隠された商業的意図などに妨げられない、偉大な自然の産物の真価を認めてほしいという著者の願いが込められている」とも書いているからである。

まだ、多少は意気軒昂だった十数年前のこと、私もキノコの話を書いてほしいといわれて、マネーさん同様、同じやるなら問題意識のあるものを書こうと思い立った。植物との違いや農薬との関係、重金属や放射性核種の吸収など、あまり知られていないことを取り上げて書き始めたが、原稿の枚数が増えるにしたがっていらだちが募ってきた。いわゆるマネー型シンドローム（マイナーな領域にかかわっている研究者が、自分の能力や研究対象の重要性に比べて、世の中が認めてくれないと憤慨する病気）にかかっていたらしい。忙しさに紛れていい加減な部分もそのままに出版してもらったら（『キノコは安全な食品か』築地書館、二〇〇三）、途端に業界からクレームが飛んできて、廃刊に追い込まれたのを思い出す。たぶんマネーさんも敵を作ったのではないかと、他人事ながら心配である。

それにしても、欧米特にアメリカのキノコ事情、ことに近年盛んになっている産業が垣間見えて、この中身はなかなか面白い。たぶん、日本でも「けしからん」と思う人がでてくるかもしれないが、他山の石と思って本書をごらんいただきたい。最近のアメリカのキノコブームについて詳しく知りたい向きは、P. Stamets, *Mycelium running, How Mushrooms Can Help Save the World* (Berkely, California: Ten Speed Press, 2005) や P. Stamets, *Growing Gourmet and Medicinal Mushrooms*, 3rd edition (Berkeley, California: Ten Speed Press, 2000) をご覧いただきたい。

要するに彼は、研究者も少なく、研究する場所も資金もないために、いいかげんな噂話がまことしやかにまかり通り、善良な市民を惑わしているのは困るといいたいのである。その辺の事情は日本のほうが少し進んでいて、今やキノコブームは下火と言わないまでも、沈静化してきたように思える。世の中の流れに迎合せず、憎まれ口をたたくのも、通俗本を書くのは俗物と言われても、知られていないことを平易な言葉で、できるだけ多くの人に伝えるのも、研究者の大切な役目だと思うのだが、いかが。

なお著者名の N. P. Money について、お金の場合はマネーと読むが、人名の場合はマニーというのが正しいようである。遅ればせながら気づいたが、これまで訳した三冊ともマネーとしてきたので、そのままにさせていただいた。この際、著者と読者諸氏にお詫び申し上げる。

今まで手掛けた三冊に比べて、この本は文章が難解なだけでなく、訳のわからないジョークや皮肉、比喩などが出てきてかなりてこずった。難解な文章に慣れている妻に助けてもらって、ようやく翻訳作業を終えた。なお、日本語に訳しても意味がない皮肉やジョークは省略した。

忙しい手を止めて、翻訳原稿を原著と照らし合わせながら丁寧にチェックしてくれた、妻洋子に感謝する。また、いつものことながら、励ましてくださった築地書館の土井二郎さん、編集部の黒田智美さん、懇切丁寧に、キノコ名をチェックし、校正していただいた村脇恵子さんに御礼申し上げる。

二〇一六年四月二九日

見えにくい目をこすりながら。　小川　真

【ワ行】

【ヤ行】

【ラ行】

【マ行】

【ハ行】

【ナ行】

【タ行】

【サ行】

【カ行】

【ア行】

索引

著者紹介

ニコラス・P・マネー（Nicholas P. Money）

イギリス生まれ、エクセター大学で菌類学を学ぶ。アメリカ合衆国オハイオ州オックスフォードにあるマイアミ大学で、植物学とウエスタン・プログラムの学部長を務める。70報を超える菌類学に関する研究論文を書き、『ふしぎな生きものカビ・キノコ』（築地書館、2007年）、『チョコレートを滅ぼしたカビ・キノコの話』（築地書館、2008年）など、菌類に関する単行本を出し、彼の研究は『ネイチャー』誌上で「素晴らしい科学的・文化的な探究である」と称賛された。本書のあとには、話題作『生物界をつくった微生物』（築地書館、2015年）を刊行している。

訳者紹介

小川　真（おがわ・まこと）

1937年京都府生まれ。

京都大学農学部卒業。同博士課程修了。農学博士。

森林総合研究所土壌微生物研究室室長、環境総合テクノス生物環境研究所所長を経て、大阪工業大学工学部環境工学科客員教授。

日本林学賞、ユフロ（国際林業研究機関連合）学術賞、日経地球環境技術賞、愛・地球賞（愛知万博）、日本菌学会教育文化賞など、数々の賞を受賞。

著書に『[マツタケ]の生物学』『マツタケの話』『きのこの自然誌』『炭と菌根でよみがえる松』『森とカビ・キノコ』『菌と世界の森林再生』（以上、築地書館）、『菌を通して森をみる』（創文）、『作物と土をつなぐ共生微生物』（農山漁村文化協会）、『キノコの教え』（岩波新書）、訳書に『ふしぎな生きものカビ・キノコ』『チョコレートを滅ぼしたカビ・キノコの話』『生物界をつくった微生物』（以上、築地書館）、『キノコ・カビの研究史』（京都大学学術出版会）など多数。

キノコと人間
医薬・幻覚・毒キノコ

2016年9月20日　初版発行

著者　ニコラス・マネー
訳者　小川　真
発行者　土井二郎
発行所　築地書館株式会社
〒104-0045
東京都中央区築地7-4-4-201
☎03-3542-3731　FAX 03-3541-5799
http://www.tsukiji-shokan.co.jp/
振替00110-5-19057
印刷・製本　シナノ出版印刷株式会社
装丁　吉野　愛

 ISBN978-4-8067-1522-1